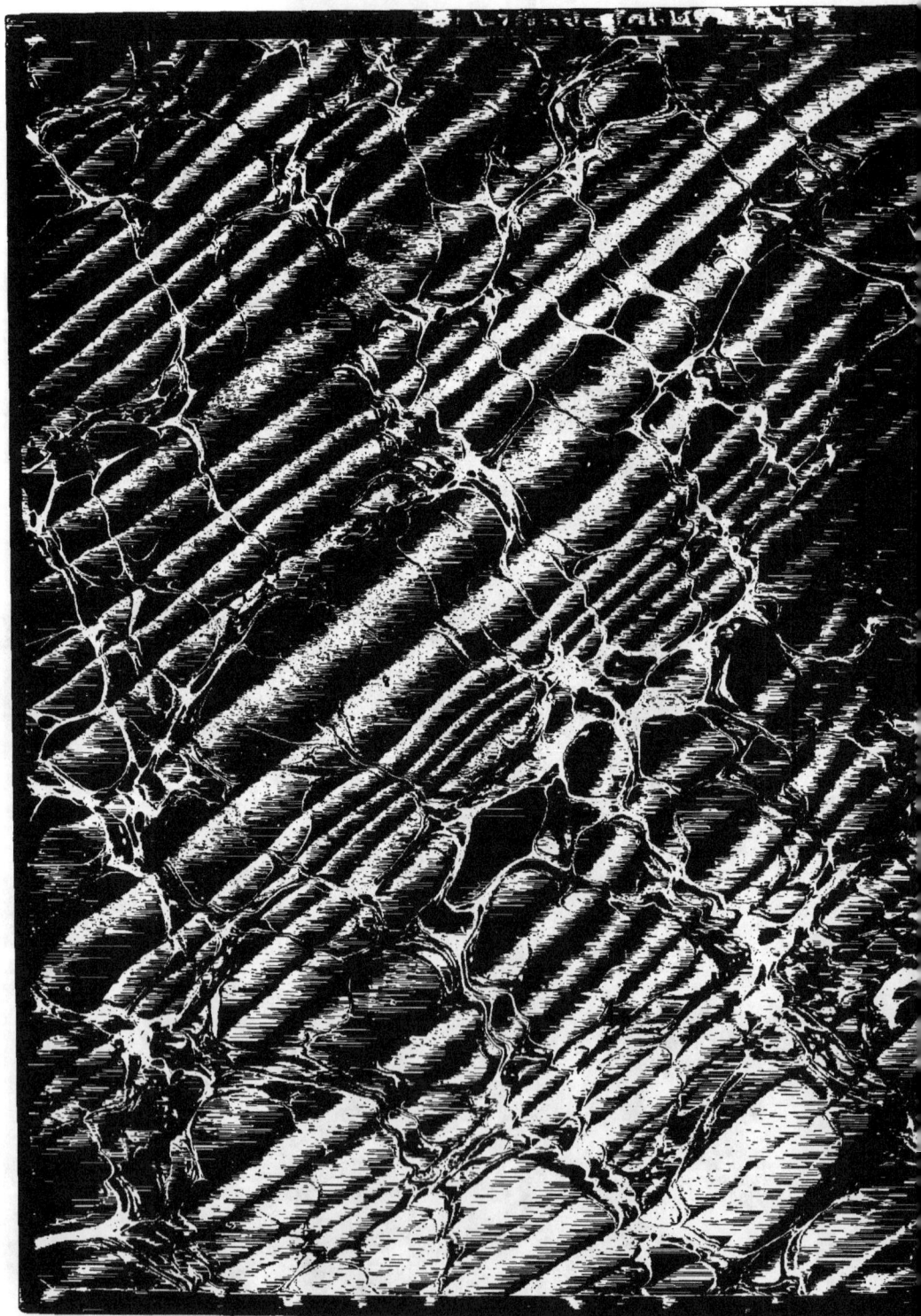

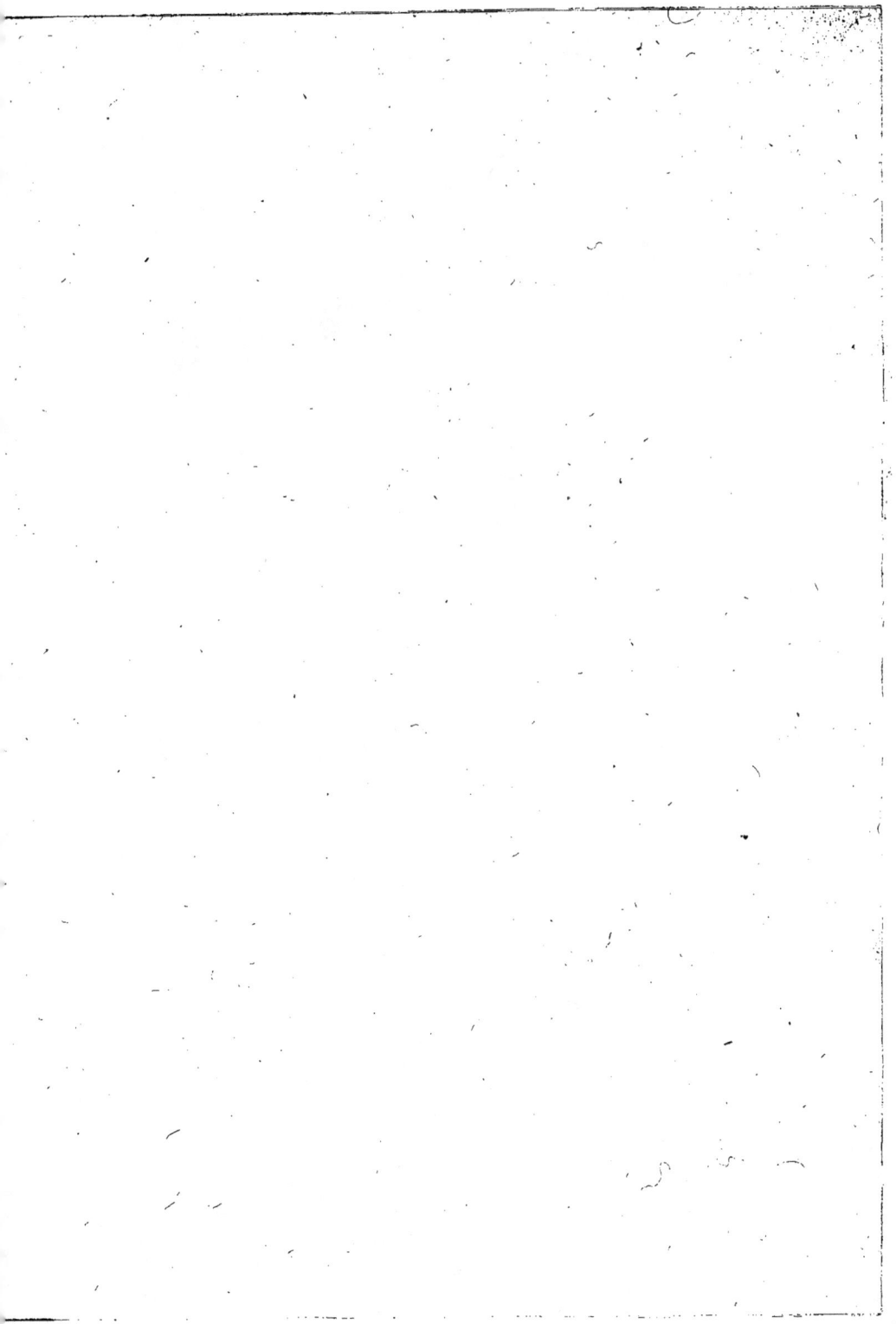

PRINCIPES GÉNÉRAUX

DE

L'EXACTE MESURE

DU TEMPS

PAR LES HORLOGES;

Ouvrage contenant les principes élémentaires de l'Art de la mesure du temps par les horloges, la description de plusieurs échappemens et de deux nouveaux proposés aux Artistes par l'Auteur, les meilleurs moyens de compensation des effets de la température, trois plans ou calibres de différentes montres, la description d'une pendule astronomique et d'une montre marine projetées par l'Auteur, ainsi que la description d'un nouveau thermomètre métallique portatif.

Par

URBAIN JÜRGENSEN, horloger.

Avec dix-neuf Planches en taille-douce.

COPENHAGUE.

Chez N. MÖLLER et FILS, Imprimeurs du Roi et de l'Université.

MDCCCV.

PRINCIPES GÉNÉRAUX

DE

L'EXACTE MESURE

DU TEMPS

PAR LES HORLOGES.

Il est sans doute de l'intérêt des gouvernemens d'encourager les Arts ; la protection qu'ils accordent aux Artistes avance le bien public.

Ce n'est que par l'application la plus soutenue, par bien des privations, souvent même par la perte de sa santé que l'Artiste acquiert quelque talent ; c'est par le desir d'être utile et par l'espoir de mériter la protection de l'homme puissant et juste, qu'il se sent animé.

A SON EXCELLENCE

Monsieur le Comte de SCHIMMELMANN,

Chevalier des Ordres de Sa Majesté, Conseiller privé,

Ministre d'Etat, ayant le département des Finan-

ces et de l'industrie nationale etc. etc. etc.

Président

de la

Société royale des Sciences.

AVANT-PROPOS.

L'horlogerie, ou l'Art de construire des machines, propres à mesurer le temps relativement à l'usage civil, à l'Astronomie et à la Navigation, est d'une utilité reconnue. Desirant contribuer à répandre quelques connaissances utiles dans cet Art, j'ose publier ces *Principes généraux de l'exacte mesure du temps par les horlóges.*

Avant de rendre compte de cet ouvrage, quelques réflexions préliminaires sur la mesure du temps ne seront peut-être pas déplacées.

C'est de la succession des choses, que nous vient l'idée de temps, par conséquent, le mouvement en doit être la mesure naturelle: Mesurer

II

égales, ou jours de 24 heures *égales*. Le temps ainsi divisé fut appellé *temps moyen*, et celui divisé naturellement par le cours apparent du soleil: *temps vrai* ou *apparent*.

Les *cadrans solaires* dont on se servait pour la mesure du temps indiquèrent le temps vrai. Ceux-ci ne pouvant servir à la mesure du temps que pendant le jour, ou tant que le soleil paraissait, on fit plus généralement usage du *clepsydre*, dont on s'est encore servi jusqu'au dixième siècle environ. Il parait que c'est alors qu'on tira parti de l'ancienne découverte d'Archimede de roues dentées, pour la mesure méchanique du temps.

Ce n'est que depuis le dix-septième siècle que l'horlogerie a fait des pas rapides vers la perfection: Huyghens faisait alors l'application de l'échappement au pendule: La découverte du spiral

tionnement, et les vains efforts que firent à ce sujet BERNOUILLI et le célèbre Astronome danois TYCHO-BRAHE, surtout en remplaçant l'eau par l'argent vif, prouvent assez le peu de solidité des principes de cet instrument.

Dans le dernier siècle où des hommes de génie, pourvus des connaissances nécessaires, se sont fortement appliqués à reculer les limites de l'Art de l'horlogerie, les progrès ont naturellement du être très rapides.

Les mathématiques et la physique sont l'ame de l'horlogerie. On sera toujours exposé à s'égarer sans connaissances mathématiques, on perdra infructueusement du temps. L'ignorance, ou ce qui est pire, le faux savoir, donna lieu à la recherche du mouvement perpétuel. Quelque connaissance des principes élémentaires de la mécha-

moins grande dureté, et de là les moyens sûrs de compensation, de réduction et d'égalité de frottement, le principe du mouvement etc. etc., ne produira jamais de bonnes machines pour la mesure du temps, et même en copiant les meilleurs ouvrages, il ne pourra espérer de réussir.

Le but que je me suis proposé en composant cet ouvrage, est de donner un resumé court des principes qui doivent servir de base à la construction des horloges. J'ai tâché, pour cet effet, d'éviter les longueurs autant que possible sans nuire à la clarté. {Je passe légérement sur les objets dont les principes sont déja très connus, tels que le ressort moteur, la fusée etc., sans cependant oublier l'essentiel. La forme épicycloïdale des dents des roues est prouvée être celle qui convient pour rendre l'engrenage aussi parfait que

si ces deux échappemens procurent les avantages que j'en attends.

L'échappement à *cylindre en pierre*, suivant la construction de Mr. Breguet est surtout applicable à des montres d'un usage plus général. L'échappement *libre à ancre*, suivant la construction de ce même célèbre Artiste présente de très grands avantages, et parait préférable à tout autre échappement pour les chronomètres ou garde-temps portatifs. L'échappement *libre à ressort ou à cercle* qui originairement est de l'invention du célèbre Berthoud a été simplifié en Angleterre autant que quelques Artistes anglais me l'ont assuré. Celui décrit dans cet ouvrage est tel que Mr. Arnold les fait exécuter. Cet échappement est ordinairement employé dans les montres marines; il est très attrayant par sa simplicité et par la solidité de ses

III

les règles, c'est pourquoi j'ai cru qu'il ne serait pas hors de place d'en énoncer les principes. Malgré que cet échappement ne doive pas être envisagé comme très parfait, on a cependant vu qu'il pouvait s'employer avec assez de succès dans des montres d'un genre plus simple, surtout si on prend les mesures nécessaires pour que l'huile puisse s'y tenir.

L'échappement à *force constante* de Mr. Breguet, doit contribuer puissamment à la précision de marche; il réunit tous les avantages. Après les impulsions, le balancier achève librement sa vibration; les impulsions sont suivant la nature de cet échappement toujours d'égale force ou de force constante, malgré que l'action du rouage augmente ou diminue, de sorte que le balancier décrira constamment des arcs d'égale étendue. L'échappement

cier peut décrire de très grands arcs. Cet échappement n'est applicable qu'aux horloges placées toujours horizontalement, à cause de la masse du
ressort d'impulsion, ainsi qu'on le sent aisément en
jetant l'oeil sur la planche qui représente cet échappement.

Dans la vue de rendre un tel échappement
applicable aux horloges exposées aux agitations et
dont la position n'est pas toujours rigoureusement
la même, j'ai essayé d'en construire un où les impulsions seraient toujours d'égale ou de constante
force dans toutes les positions possibles. Il est
décrit dans le dixième Chapitre. L'expérience
prouvera s'il réunit les avantages que j'en attends.

J'ai de même composé un échappement libre
à force constante applicable aux horloges à pen-

La compensation des effets du chaud et du
froid étant un objet de la plus haute importance
dans les horloges, j'ai donné la description des meilleurs moyens de compensation, sans m'arrêter à
ceux que l'expérience a prouvé être vicieux ou du
moins trop compliqués.   La compensation simple
par le spiral, qui produit son effet par le plus ou
moins de jeu du spiral entre ses deux goupilles,
a premièrement été imaginée par Mr. F. Berthoud,
mais celle décrite dans cet ouvrage est de Mr. Breguet.   Il l'employe lui-même avec succès, et elle
est très attrayante par sa simplicité.   Je fais quelquefois usage d'une autre compensation simple par
le spiral, que j'ai disposée de manière que la compensation se fasse en allongeant ou en raccourcissant la partie active du spiral suivant le besoin.
Cette méthode est décrite, ainsi que la précédente,

Je termine cet ouvrage par la description d'un *nouveau thermomètre métallique portatif.* Malgré qu'on ait déjà construit un grand nombre de thermomètres métalliques, tant en France, en Suisse, qu'en Angleterre, le mien est nouveau. Cet instrument a été présenté à la société économique royale, le comité des arts, composé de savans distingués et expérimentés, a fait sentir dans le rapport fait à ce sujet à la sociéte royale, les avantages qui résultent des thermomètres métalliques portatifs. L'utilité de cet instrument pour les voyageurs, a encore été constatée par deux géomètres, envoyés en *Islande* par ordre du Roi. Mes thermomètres métalliques leur ont servi dans leurs observations: tandisque ceux de mercure dont ils s'étaient pourvus, ont été cassés pendant le voyage.

IV

TABLE DES MATIERES.

CHAPITRE PREMIER.

ARTICLE PREMIER. *Principes généraux d'une machine propre à mesurer le temps: dénomination des principales pièces de ces machines.*

1. LE MOUVEMENT est la mesure naturelle du temps. Un corps mis en mouvement parcourra un certain espace dans un certain temps. Ce corps suspendu à un fil, après avoir été mis en mouvement, *oscillera* autour de son point de suspension. Ces *oscillations* ou vibrations se feront dans des temps égaux, et pourront servir à la mesure du temps. Ce corps vibrant se nomme *Pendule.*

2. LE PENDULE en mouvement oscillerait constamment suivant les loix du mouvement; mais la résistance de l'air, et la roideur du fil, ou, ce qui revient au même, le frottement du fil près du centre d'oscillation, détruira le

I

mouvement peu à peu.   Pour perpétuer les vibrations,
il est donc nécessaire d'employer un agent extérieur qui
puisse réparer la perte de mouvement.   Tant que cet
agent agira le pendule oscillera, et en connaissant le nombre de vibrations, et le temps de chacune, on connaîtra
la portion de temps qui s'écoule pendant les observations.

3. MAIS pour éviter de compter ces vibrations, on
dispose le méchanisme qui agit sur le pendule de manière
que les oscillations du pendule, ou le temps mesuré, s'indiquent par des Index ou des *Aiguilles* sur des cadrans portant la division ordinaire du temps.

4. LES PENDULES ne peuvent mesurer le temps exactement, qu'en vibrant autour d'un point fixe et invariable; il est donc impossible de les employer dans les horloges
portatives.   Dans cette sorte de machines on remplace le
pendule par un corps, dont les vibrations ne s'altèrent pas
sensiblement par le mouvement extérieur.

5. UN CORPS circulaire tournant autour de son axe,
et où le centre de mouvement et le centre de gravité se
trouvent réunis dans un même point, est propre à cheminer dans toutes les différentes positions.   Un corps ainsi

disposé a le nom de *balancier*. Pour perpétuer le mouvement du balancier, on y applique, ainsi qu'au pendule
une force extérieure qui répare la perte de mouvement.
Cette puissance agit alternativement dans des directions contraires, afin que le mouvement du balancier se fasse de
même dans des directions alternativement contraires, pour
pouvoir vibrer ou osciller.

6. LA FORCE *motrice* dans les horloges à pendule
est ordinairement produite par l'application d'un *poids*.
Dans les horloges exposées au mouvement, il est impossible d'employer un poids, parceque celui-ci agissant toujours dans une direction perpendiculaire au centre de la
terre, produirait plus ou moins, ou même point d'effet,
suivant les différentes positions de l'horloge, comme on le
sent aisément. En place d'un poids on se sert d'un
corps élastique, qui étant bandé, produit un effet considérable, et auquel on a donné la dénomination de *ressort*.
Comme celui-ci agit par son élasticité, et non par sa pesanteur, on voit facilement que la position de l'horloge ne
peut avoir ici aucune influence.

7. La force motrice communique sa puissance, ou son effet, par un train de *roues* et de *pignons*, qui, par des *engrenages* convenables, agissent sur la partie de l'horloge, appellée *l'échappement*.   Celui-ci donne les impulsions nécessaires au mouvement du corps vibrant.   L'échappement fait plus: il compte les vibrations, et le rouage qui porte les aiguilles indique par ce moyen le temps.

8. Ces roues et pignons s'engrènent par des *dents* faites à leur circonférence.   Les dents de pignon portent la dénomination *d'ailes*.   Les roues et les pignons tournent autour de *pivots*, qui ne sont que les extrémités de leurs axes ou de leurs tiges, réduites à un moindre diamètre. Les roues en position verticale reposent sur le côté des pivots, ou suivant leur longueur; dans la position horizontale c'est la *portée* qui les soutient.

9. Le ressort agit dans un cylindre, qui se meut autour d'un axe; le cylindre a le nom de *barillet*, et l'axe celui *d'arbre de barillet*.   Le ressort a la forme d'une ligne spirale.   Lorsqu'il doit agir dans le barillet, on en accroche les deux bouts, l'un à l'arbre et l'autre à la circonférence du barillet.   En fixant le barillet, on peut bander

le ressort, en tournant l'arbre du côté convenable; car alors le ressort s'enveloppe autour de ce même arbre. En fixant, au contraire, l'arbre, on bande le ressort en tournant le barillet. L'arbre se fixe par le moyen d'un *encliquetage*, composé d'un *rochet*, ou roue à dents inclinées, et d'un *cliquet* ou *masse*, qui, en résistant au rochet, fixe l'arbre. Le barillet agit souvent sur une *fusée*, par le moyen d'une *chainette*. Le ressort étant bandé ou assez *remonté*, un méchanisme appellé *l'arrêtage* empêche que ce ressort ne soit trop forcé.

10. ON APPLIQUE au balancier un petit ressort, qui sert à régler les vibrations. Ce ressort porte le nom de sa forme, et s'appelle le *spiral*. Un spiral plus ou moins fort fera faire des vibrations plus ou moins promptes au balancier. Dans les horloges ordinaires, on applique au spiral un méchanisme, qui en allongeant ou en raccourcissant la *spire* extérieure, régle au plus près la vitesse des vibrations. Ce méchanisme est connu sous le nom de *coulisserie*, *rateau* &c.

11. LES ROUES tournent ordinairement entre deux *platines*, dont l'une porte le nom de *grande-platine*, l'autre

de *petite platine.*   On fait souvent tourner les pivots dans de petits *ponts* ou *barettes.*   Celui qui porte le pivot du balancier a la dénomination particulière de *coq.*

12.   POUR établir clairement les principes qui doivent servir de base à la construction de toutes les différentes pièces d'une horloge, il est nécessaire d'en considérer les principales parties séparément, savoir: 1°. Le *régulateur,* soit pendule ou balancier; 2°. la *force motrice;* 3°. *le rouage,* et 4°. *l'échappement.*   La fin de ce chapitre et le chapitre suivant traitent du pendule.

ARTICLE SECOND. *Du pendule.*

13.   LE PENDULE est un corps suspendu à un point fixe, autour duquel se font les vibrations (§. 1). Le pendule se divise en deux espèces, le *simple* et le *composé.*   Le premier est supposé réunissant toute sa pesanteur dans un seul point.   Le composé, au contraire, a plus ou moins de pesanteur dans ses différentes parties.

14.   TAB. 1. Fig. 1. représente le pendule simple. *C* est le point de suspension; *C A* le fil qui porte le corps vibrant *A.*   Ce corps peut décrire des arcs plus ou

moins grands autour du point *C.* *B A D* indique un de
ces arcs. Le mouvement du pendule est causé par la gravité du corps *A*, car en écartant *A* jusqu' à *B*, ce corps
mis en liberté tomberait dans une direction perpendiculaire
au centre de la terre; mais retenu par le fil *C A* à une
distance toujours égale de *C*, la chûte ne peut se faire que
dans la ligne *B A*. Arrivé à *A*, le corps a acquis une
vîtesse égale à celle qu'il aurait acquise en tombant perpendiculairement de *I* jusqu' à *A*, et c'est par cette vîtesse
que le corps remonte depuis *A* jusqu' à *D*, dans un temps
égal à celui de la demi-vibration *B A*. Le corps arrivé
à *D* ne peut rester en repos, mais oscillera de nouveau
jusqu' à *A*, et delà à *B*. Les vibrations continueront ainsi,
jusqu' à ce qu'une force extérieure les détruise.

15. LA PESANTEUR spécifique du corps vibrant
ne change pas sensiblement la durée des vibrations, et ne
la changerait aucunement, si le pendule vibrait dans le
vuide.

16. L'ISOCHRONISME, ou l'égale durée des arcs
de vibrations plus ou moins grands d'un pendule, ne s'obtient que difficilement quand le pendule fait de grandes vi-

brations.   Huyghens trouvait qu'en faisant cheminer le pendule dans une ligne cycloïdale, les grands et petits arcs se faisaient dans des temps égaux.   Pour produire ces vibrations cycloïdales, il employait le moyen suivant. Voy. Fig. 2. CE et CF représentent deux cycloïdes, décrites par un cercle, dont le diamètre est la moitié de la longueur du pendule.   Le fil CA en cheminant se pliait après ces cycloïdes, et A décrivait, par là, la ligne cycloïdale EAF, au lieu du cercle.   Ces deux cycloïdes étaient suffisamment fortes pour ne pas céder à la pression de CA.

17.   Quoique la théorie soit parfaitement vraie, il n'est pas possible de la suivre dans la pratique.   La difficulté de donner exactement la forme cycloïdale aux deux courbes, est déjà un grand obstacle; et même, en les supposant parfaitement dans les principes, on voit aisément combien il est nuisible à la précision de suspendre le pendule par un fil.   On parvient actuellement au même but d'une manière bien plus simple.   En jetant l'oeil sur la cycloïde et le cercle, on voit que ces deux lignes se confondent en IG, et que leurs courbures ne diffèrent pas

sensiblement. Or, en faisant vibrer le pendule dans de très petits arcs, on peut envisager les vibrations comme cycloïdales. Par ce moyen on parvient à l'isochronisme de la manière la plus simple.

18. L'EXPERIENCE a prouvé que deux pendules de même longueur, ne font pas leurs vibrations dans des temps égaux, suivant les différents endroits de la terre où ils sont placés. Le temps est mesuré par la gravité du corps vibrant, et par la longueur du pendule. Or, quand la gravité augmente ou diminue il est clair que cela doit changer la durée des vibrations. La terre étant applatie vers les pôles, et renflée près de l'équateur, la gravité est moins forte près de ce dernier, et plus forte vers les pôles; ce qui produit des vibrations moins promptes aux pendules placés prés de l'équateur, tandis que ceux qui se trouvent approchés des pôles achèvent plus vîte leurs vibrations.

19. LA LATITUDE étant la même, la gravité ne peut changer; par conséquent, des pendules de même longueur vibreront dans des temps égaux, quand ils seront placés au même degré de latitude. Il est prouvé mathé-

matiquement, relativement au nombre des vibrations et
aux longueurs des pendules :

1°. *Que les vibrations des pendules se font dans des temps pro-*
portionelles à la racine quarrée de leurs longueurs, et :

2°. *Que les longueurs sont proportionelles au quarré du temps*
des vibrations.

D'où il suit :

1°. *Que le nombre des vibrations, dans un temps donné, est en*
raison inverse de la racine quarrée des longueurs, et :

2°. *Que les longueurs sont en raison inverse du quarré des*
vibrations, de sorte qu'un pendule qui ferait le double des
vibrations d'un autre dans un temps égal, n'aurait alors que
le quart de sa longueur.

Le temps des vibrations d'un pendule étant donné,
ainsi que la longueur, on peut par-là trouver la longueur
d'un autre pendule quand le temps des vibrations est donné.
La longueur étant donnée on peut de même trouver le
nombre des vibrations.   Le §. suivant servira d'exemple.

20. Nous savons qu'un pendule de 440½''' de longueur fait une vibration par seconde, ou 3600 vibrations
par heure.   Si on demande à présent le nombre des vi-

brations d'un pendule de 10 pouces ou 120 lignes, on le saura, en disant: Les vibrations du grand pendule, ou 3600, sont aux vibrations du petit pendule, ou x, comme la racine quarrée de la longueur du petit pendule est à la racine quarrée du grand pendule, c'est-à-dire:

$$\sqrt{120} : \sqrt{440\tfrac{1}{2}} :: 3600 : x$$

La racine quarrée de 120 $=$ 10,95, et celle de 440$\tfrac{1}{2}$ $=$ 20,99 et par conséquent:

$$10,95 : 20,99 :: 3600 : x \text{ et}$$
$$x = \frac{3600 \times 20.99}{10,95} = 6901.$$

Le pendule de 10″ ou 120‴ fait donc 6901 vibrations par heure.

Pour trouver la longueur d'un pendule, quand les vibrations sont données, on suit la règle du §. 19: La longueur du grand pendule est à celle du petit pendule, ou x, comme le quarré des vibrations du petit pendule est au quarré des vibrations du grand pendule.   En supposant les vibrations du petit pendule de 7200, on aura la proportion suivante:

$$440\tfrac{1}{2} \;:\; x \;::\; 7200^2 \;:\; 3600^2, \text{ ou}$$

$$72^2 \;:\; 36^2 \;::\; 440\tfrac{1}{2} \;:\; x, \quad \text{ou}$$

$$5184 \;:\; 1296 \;::\; 440\tfrac{1}{2} \;:\; x, \quad \text{et}$$

$$x \;:\; \frac{1296 \times 440\tfrac{1}{2}}{5184} \;=\; 110\tfrac{1}{8}'''.$$

Pour qu'un pendule fasse 7200 vibrations par heure, il faut donc qu'il soit de la longueur de $110\tfrac{1}{8}'''$ ou $9''$ $2\tfrac{1}{8}'''$. On voit qu'il n'est pas difficile de trouver, par ce moyen, la longueur des pendules d'après le nombre de leurs vibrations; c'est ainsi que les tables des longueurs ont été dressées.

21. Toute la pesanteur du pendule simple est supposée réunie dans le corps vibrant, mais dans le pendule composé ce n'est pas le cas, car les différentes parties de ce pendule ont plus ou moins de pesanteur suivant leur extension (§. 13). Néanmoins on peut envisager toute la force vibrante réunie dans un seul point, et celui-ci s'appelle le *centre d'oscillation*. Le nombre des vibrations du pendule simple est égal au nombre des vibrations d'un pendule composé, dont la distance du centre d'oscillation au point de suspension est égale à la longueur du pendule simple.

22. ON PEUT par le calcul trouver le centre d'oscillation du pendule composé, mais non sans beaucoup de difficulté, sur-tout quand les différentes parties qui composent le pendule, sont d'une forme peu régulière. Ces calculs ne sont d'aucun secours pour l'artiste horloger, et d'aucune utilité dans l'application du pendule aux horloges, par conséquent il n'en sera pas question dans cet-ouvrage. J'observerai seulement, que le centre d'oscillation s'approche plus du point de suspension, quand la verge du pendule a beaucoup de pesanteur; et qu'au contraire, il s'en éloigne, quand la verge est légère et que le corps vibrant est pesant. Le centre d'un cylindre est à $\frac{2}{3}$ de sa longueur, à compter du point de suspension.

23. LE PENDULE éprouve une résistance de l'air en vibrant, et un frottement autour de son point de suspension. Ces deux obstacles au mouvement du pendule, n'ont pas été considérés jusqu'à présent.

24. LE FROTTEMENT et la résistance de l'air diminuent continuellement les arcs de vibration du pendule, et finissent par détruire entièrement le mouvement. En supposant le pendule appliqué à une horloge, on conçoit

qu'il est nécessaire d'employer une force extérieure (§. 2), qui puisse réparer la perte de mouvement du pendule, et que cette force doit être proportionnée au frottement et à la résistance de l'air.   La force réparative influe sur la liberté des vibrations du pendule.   Le pendule mesure le temps par son mouvement naturel, et plus il est gêné dans ses vibrations par un agent extérieur, moins la mesure du temps se fera avec précision.   On conçoit donc, que pour rendre l'influence de la force extérieure ou réparative aussi petite que possible, on doit chercher à réduire le frottement et la résistance de l'air à la plus petite quantité possible.

De la suspension du pendule.

25. On peut suspendre le pendule de deux manières, ou par un ressort très fléxible et élastique, ou par un couteau.   L'éxpérience a prouvé que cette dernière méthode est préférable à l'autre.   Le pendule suspendu par un ressort éprouve une plus grande résistance dans son mouvement, que celui qui est suspendu par le couteau*).

---

*) Monsieur *Fd. Berthoud* nous a communiqué dans son *Essay sur l'horlogerie* ses expériences relativement à la suspension, par les-

De plus il serait à craindre qu'une lame aussi faible que celle du ressort de suspension ne s'allongeât de quelque chose par le puissant poids de ce régulateur, surtout ce poids agissant sur la lame, avec une force considérablement augmentée par les oscillations. D'ailleurs le ressort est très sujet à se plier ou à se casser en transportant le pendule, ce qui contribue encore à rendre la suspension à couteau préférable à celle à ressort. Le paragraphe suivant indique un bon mode de suspension.

26. La Fig. 4. Pl. 1. représente le pendule: $A B$ le pendule, et c le couteau. Celui-ci se meut dans l'entaille cylindrique ou la rainure de la pièce $D D$ près de g. Les pièces $E E$ (qui portent les mêmes lettres en Fig. 5 et 7) sont attachées par des vis à une paroi solide, et soutiennent la pièce $D D$ par les vis $e e$ Fig. 4 et 5. Les bouts de ces vis sont terminés en pivots, qui vont à frottement dans deux trous percés en $D D$, de manière que le

---

quelles il a prouvé, que le pendule suspendu à un ressort éprouve un huitième de résistance de plus dans son mouvement libre, que celui suspendu à un couteau. *Mr. Berthoud* nous a indiqué la méthode la plus sûre pour parvenir au plus parfait mode de suspension de ce régulateur.

pendule peut se mettre dans une position perpendiculaire au
centre de la terre.   On voit Fig. 6. le couteau et la rainure séparément, et la 7me Fig. indique la plaque *d* à l'extrémité extérieure de la rainure.   On voit encore cette
pièce Fig. 5, ainsi que la plaque *a*, qui empêchent le couteau de sortir de sa place.

    27. POUR réduire le frottement à la plus petite
quantité possible, et pour le rendre constant, il y a à observer :

  1°. Que le couteau doit être fait d'un acier fin, dont
    la trempe soit au plus haut degré; que la rainure
    doit être faite en agathe ou autre pierre encore plus
    dûre; et que le couteau et la rainure doivent être par-
    faitement polis.

  2°. Que l'angle du couteau doit être approchant de 45°,
    (voyez Fig. 6. en *a*) et un peu arrondi ou rabattu.

  3°. Que le couteau doit reposer sur tous ses points, et,
    pour cet effet, il faut que l'angle du couteau soit
    parfaitement paralèlle à la rainure.   Ceci contribue
    beaucoup à la solidité.

4°. Que le couteau et la rainure aient une longueur suffisante, et proportionnée au poids du pendule. Un
pendule, dont la pesanteur est double de celle d'un
autre, exige un couteau deux fois plus long. La
plus grande longueur ne change pas la quantité de
frottement, mais empêche les différentes parties du couteau de se ronger.

28. En suivant les règles ci-dessus données, on
rend le frottement infiniment petit et très constant. A
présent, il reste à déterminer la forme la plus avantageuse
du pendule, pour rendre la résistance de l'air la plus petite
possible.

Du moyen propre à rendre la résistance de l'air la plus petite possible.

29. La resistance qu'un corps en mouvement
éprouve de la part de l'air est, proportionnelle à son étendue
et au quarré de sa vîtesse. Un corps qui se meut avec
la même vîtesse qu'un autre, et dont la surface n'est que la
moitié de celle de cet autre, éprouve une résistance qui
n'est que la moitié de celle qu' éprouvoit le grand corps.

3

30. La vitesse et le poids d'un pendule déter-
minent la quantité de son mouvement, et c'est par celle-ci
que la résistance de l'air est vaincue.   En supposant la
vîtesse de deux pendules la même, ce n'est que la pesanteur
qui change la force mouvante, et plus le corps est pesant,
plus il a de force pour vaincre la résistance de l'air.   De ces
deux derniers paragraphes, il suit : *Qu'on doit employer pour*
le pendule un corps d'une grande pesanteur spécifique, et qu'on doit
chercher à rendre la surface résistante de ce corps aussi petite
que possible.

31. La forme sphérique étant de toutes les formes qu'on puisse donner à un corps, celle qui rend la surface de ce corps la plus petite possible en supposant la masse
la même, semblerait convenir au corps vibrant du pendule ; mais comme le mouvement de celui-ci, n'est que dans
deux directions, et que la résistance de l'air n'influe que
sur les deux côtés du pendule, on conçoit aisément que la
forme d'une lentille est encore plus propre au pendule
que la sphère, et par cette raison on applique avec le plus
grand avantage au pendule, une lentille telle qu'on la voit

Fig. 8 et 9, Pl. 1. Plus la lentille est applatie, plus elle est propre à diminuer la résistance de l'air*).

32. LE FROTTEMENT et la résistance de l'air étant réduits à la plus petite quantité possible, on a beaucoup fait pour la perfection du pendule. Cependant il y a encore un grand obstacle à la précision, c'est celui qui provient de la variation de la température, qui en allongeant ou en raccourcissant le pendule, le fait vibrer dans des temps inégaux, suivant les différents degrés de chaud ou de froid. Le chapitre suivant traite de l'influence de la température sur les métaux en général, et la manière de compenser cet effet sur le pendule.

*) Mr. *Fd. Berthoud* a prouvé par ses expériences relatives à la forme du pendule, que la lentille perd $\frac{1}{16}$ de moins que la sphère de son mouvement libre.

CHAPITRE SECOND.

De l'effet de la température sur les métaux. Du pendule à compensation*).

ARTICLE PREMIER. *De l'effet de la température sur les métaux.*

33. LA VARIATION de la température influe sur les métaux en les dilatant ou en les condensant. La chaleur produit la dilatation, et le froid la condensation.

34. Les corps solides en général se dilatent et se condensent moins par une température variée que les fluides. Le mercure se dilate considérablement plus qu'aucun métal solide. Les métaux entr'eux se dilatent et se condensent à des degrés bien différents; plusieurs phyciciens ont cherché à déterminer ces différents degrés. MUSSCHENBROEK nous a donné les rapports suivants.

---

*) On entend par le mot de *compensation*, le méchanisme qu'on employe, pour rendre nul l'effet d'une température variée sur la durée des oscillations du régulateur, soit pendule, soit balancier.

Le plomb . . . . 155.

L'étain . . . . 153.

Le laiton ou cuivre jaune . . . . . 89.

Le fer . . . . 80.

L'argent . . . . 78.

35. Les resultats des expériences d'Ellicot sont différents de ceux de Musschenbroek, et les rapports de dilatation, qu'il nous a donnés, sont:

Le plomb . . . . 149.

Le cuivre . . . . 89.

Le fer . . . . 60.

L'acier 56,

L'argent . . . . 103.

Mais il parait que les expériences n'ont pas été faites avec soin, et que les pyromètres n'ont pas eu toute la précision désirable. Peut-être même les métaux n'ont pas été exposés au même degré de chaleur pendant les expériences; de sorte que nous ne pouvons pas établir des règles sûres pour la compensation, en employant les rapports ci-dessus donnés.

36. Mr. Ferd. Berthoud a composé un pyro-
mètre*), d'une grande perfection, et il s'en est servi pour
nous donner des rapports plus sûrs, que ceux qu'avaient
donnés jusqu' alors les physiciens.   Les soins avec lesquels
il a fait ses expériences, nous autorisent à regarder sa table
de dilatation comme la plus exacte qui ait été dressée jusqu-
ici.   Voici les rapports qu'il nous a donnés:

Le plomb . . . . 193.

L'étain . . . . 160.

Le laiton ou cuivre jaune . . . . . 121.

L'argent . . . . 119.

Le cuivre rouge . . . . 107.

L'or, tiré . . . . 94.

L'or, recuit . . . . 82.

Le fer, battu . . . . 78.

L'acier, trempé . . . . 77.

Le fer, recuit . . . . 75.

L'acier, recuit . . . . 69**).

*) Ce pyromètre est décrit dans son *Essay sur l'horlogerie*, Tom. 2,
   pag. 105.

**) Mr. *Berthoud* a trouvé par de nouvelles expériences, que l'acier se
   dilatait à peu près dans le rapport de 74.

Le platine . . . . 62.

Le verre . . . . 62.

La longueur des verges employées aux expériences était de 3′ 2″ 5‴. Le cadran du pyromètre était divisé en 360°, et l'aiguille parcourait la totalité des degrés pour une ligne de dilatation, de manière que la verge de plomb se dilatait $\frac{123}{360}$‴. Voyez *Essai sur l'horlogerie* Chap. XX.

37. Il y a à observer que les mêmes métaux n'ont pas toujours exactement le même degré de dilatation, c. à. d. que la température n'influe pas également sur eux; p. ex. le laiton se dilate plus ou moins suivant ses différentes qualités, et ainsi des autres métaux. On conçoit donc que pour parvenir parfaitement à la compensation, il n'est pas suffisant de suivre strictement les règles qu'on peut établir par les tables de dilatation, mais qu'il est de toute nécessité de vérifier la compensation par des expériences.

38. Les métaux se dilatent et se condensent à raison de leur longueur. Une verge de fer, dont la longueur est de trois pieds, la largeur et l'épaisseur d'une ligne, se dilate au même degré qu'une autre de même lon-

gueur, et d'une largeur et d'une épaisseur double, triple
&c.; mais la plus grosse résistera plus long temps à l'influence de la température.

39. EN CONNAISSANT le degré de dilatation d'une
verge d'une longueur donnée, il est aisé de trouver le degré
de dilatation d'une verge d'une longueur différente de la première. En supposant la longueur d'une verge quelconque
de 10 pouces, et celle d'une autre verge de 15 pouces, la
dilatation de la première d'une demi-ligne, on saura le degré de dilatation de l'autre par la proportion suivante:

$$10 : 15 :: \tfrac{1}{2}''' : x$$

$$x = \frac{15 \cdot \tfrac{1}{2}}{10} = \tfrac{3}{4}'''$$

De sorte que la verge de 15 pouces se dilate $\tfrac{3}{4}'''$.

40. PAR L'ARTICLE suivant, on verra l'influence
de la température, ou du chaud et du froid, sur le pendule. Ce que nous avons dit dans cet article sur l'effet
de la température, suffit pour établir les règles nécessaires
à la parfaite compensation.

ARTICLE SECOND. *De l'influence du chaud et du
froid sur le pendule, et de la compensation.*

41. ON SAIT par l'article précédent que la température influe sur les métaux en général. Le pendule s'allonge par le chaud, et se raccourcit par le froid. La température varie toujours, et cette variation continuelle change constamment la longueur du pendule. La durée des oscillations dépend de la longueur du pendule, celle-ci venant à changer, changera le temps des vibrations. Le pendule s'allonge pendant l'été et retarde pendant l'hyver, au contraire, il se raccourcit et avance. L'expérience, conforme au raisonnement, nous a suffisamment convaincus de cette vérité.

42. CE CHANGEMENT de la longueur du pendule n'est cependant pas assez grand pour nuire considérablement à l'exactitude de la mesure du temps, et le pendule employé dans les horloges destinées à l'usage ordinaire n'exige point de compensation, d'autant plus que ces horloges se trouvent le plus souvent dans une température fort peu variée. Au contraire, dans les horloges pour l'usage astronomique, qui exige la plus grande exactitude, il est de toute nécessité

4

de faire usage d'une compensation parfaite, pour parvenir à la plus grande régularité de marche. On a trouvé par des expériences qu'une horloge à pendule, réglée pendant l'été, avance jusqu'à 18 secondes par jour, pendant les plus grands froids de l'hyver; et que cette même horloge, réglée durant le froid de l'hyver de nos climats, retarde jusqu'à 18 secondes par jour dans les grandes chaleurs de l'été. Ces variations sont trop considérables et influent trop sur l'exactitude, pour ne pas éxiger un moyen de compensation.

43. ON PARVIENT à la compensation en composant la verge du pendule de deux métaux d'une dilatation bien différente, en combinant ces deux métaux de manière que l'effet de la température sur l'un, rende nul ce même effet sur l'autre, de sorte que le corps vibrant, ou la lentille du pendule se trouve par là toujours à une égale distance du point de suspension. Sans nous arrêter à décrire les moyens moins parfaits, qui ont été mis en usage pour parvenir à la compensation, nous indiquerons ceux dont l'expérience a constaté la perfection et dont les plus

habiles artistes font usage dans leurs horloges ou pendules
astronomiques.

44. Le pendule à compensation est représenté
Pl. I. Fig. 10 *) ; *A B C D* est un chassis d'acier, qui
allongé jusqu' à *V X*, descend dans la lentille *T*, qui peut
se mouvoir librement du haut en bas sur *C D V X*.
A B porte le couteau de suspension *m*, fixé à la pièce
C. *E F G H* est un second chassis d'acier, portant les
deux talons *E* et *F*, qui sont soutenus par les deux
verges de laiton *P P* et *P P*, près de *E F*. La partie inférieure de *P P*, *P P* repose sur la partie inférieure du chassis *A B C D* près de *C D*. La verge *K L*
qui est d'acier et qui porte de même deux talons près de
K, est cylindrique à sa partie inférieure, qui est taraudée.
La verge *K L* est soutenue par les deux verges de laiton *R R* et *R R*, dont la partie inférieure repose sur la
partie inférieure du chassis *E F G H*, près de *G H*. Les
pièces *S S*, *S S*, *S S*, en forme de boucles, retiennent les
chassis et les verges en leur place, sans cependant empê-

---

*) Ce pendule est imité d'après celui dont Mr. *F. Berthoud* est l'inventeur.

cher leur jeu libre du haut en bas. Une de ces pièces
est représentée Fig. 11 et 12, où on voit les vis m et n
qui entrent dans des trous percés au chassis $ABCD$,
Fig. 10. pour que les pièces SS, SS, puissent se tenir à
leur place convenable. La lentille T, qu'on peut monter
et descendre à volonté sur $CDVX$, est portée par la pièce
M, qui tient à la lentille par la vis N. Cette pièce M est
soutenue près de rb par l'écrou yy qui est appliqué à la partie taraudée de KL, de manière qu'en tournant l'écrou,
la lentille monte et descend. Les pièces pq, pq sont as-
sujetties à M, par des vis en o, o; et leurs parties supé-
rieures à SS par deux autres vis. Ces deux pièces pq, pq
ne pressent pas assez fortement contre les côtés extérieurs du
chassis $ABCD$, pour empêcher la lentille de monter et
de descendre; mais elles empêchent le balottement de la
lentille de côté et d'autre. Il y a à observer que les vis
de la pièce SS, n'entrent pas dans le chassis $ABCD$,
mais en pq, pq, de sorte qu'elles n'empêchent pas le mouvement de la lentille T. L'écrou yy est divisé en degrés,
et le petit index n fait voir la portion de degrés qu'on fait
parcourir à yy en le tournant. Le bord inférieur de la

lentille porte de même un index, qui, par les vibrations du pendule, parcourt les degrés d'une portion de cercle appliquée derrière ce petit index. On voit par là la quantité de degrés que parcourt le pendule, et on est à même de s'assurer de la parfaite égalité des vibrations.

45. A present il est aisé de comprendre les effets de ce pendule. En supposant que le chaud influe sur le pendule, il est clair que le chassis $A B C D$ s'allonge, c'est à dire que sa partie inférieure descend ou s'éloigne du point de suspension m. Les verges de laiton $P P$, $P P$ s'allongent de même, la partie supérieure de ces verges s'élève, et, par l'excès de leur dilatation, elles font monter le second chassis $E F G H$ par les talons $E F$. $E F G H$ s'allonge aussi par le chaud, ce qui fait que la partie $G H$ descend, mais $R R$, $R R$, qui sont les secondes verges en laiton, s'allongent, et, par l'excès de leur dilatation, elles soulèvent $K L$, de manière que la lentille T reste immuablement à la même distance du point de suspension m. Quand le froid agit sur le pendule, le chassis $A B C D$ se raccourcit, et la partie $C D$ s'approche alors du point de suspension m; mais les verges de laiton $P P$, $P P$ se raccourcissent de même,

font descendre le second chassis $EFGH$, qui en se raccourcissant, fait monter les verges en laiton RR, RR.
Celles-ci en se raccourcissant font descendre la verge KL
qui porte la lentille.   En supposant la lentille T descen-
due autant que le chassis $ABCD$ la fait monter en ce
raccourcissant, il est évident que la compensation s'est faite
parfaitement.   On peut par le calcul déterminer au plus
près la longueur des verges et des chassis, pour que la
compensation se fasse exactement.

   46.   Pour parvenir à une compensation exacte, on
doit suivre les dimensions que Mr. F. Berthoud nous a
données; les voici:

      AB et CD depuis le point de suspension

           jusqu' à la base du chassis . . . . 474'''

      EG et FH depuis le dessous des talons,

           jusqu' à la base du chassis . . . . . 427'''

      KL depuis le dessous des talons . . . . . . 396'''

      PP et PP . . . . 438'''

      RR et RR . . . . 355'''

        A présent il est aisé de se convaincre de l'exactitude
de ces dimensions.   En prenant la totalité de la longueur

des chassis en acier, et puis la totalité de la longueur des verges en laiton, leur longueur réciproque doit être en raison inverse de la dilatation du laiton et de l'acier, pour que l'allongement ou le raccourcissement des chassis soit exactement égal à l'allongement ou au raccourcissement des verges en laiton. Nous savons, suivant le §. 36 (voyés la notte), qu'une verge d'acier de 3′ 2″ 5‴ ou 461‴ a une dilatation de $\frac{74}{300}$‴ et qu'une pareille verge en laiton se dilate $\frac{121}{300}$‴, de manière qu'on peut par là déterminer la dilatation des chassis et des verges du pendule par une simple règle de trois, comme nous l'avons déja vu §. 39.

47. La longueur totale des deux chassis avec la verge en acier est $474 + 427 + 396 = 1297$, et la longueur totale des verges en laiton est $438 + 355 = 793$. A présent on trouve la dilatation des chassis ou de l'acier en disant:

$$461 : 74 :: 1297 : x$$
$$x = \frac{1297 \times 74}{461}$$
$$x = 208\tfrac{90}{461}.$$

Et la dilatation des verges de laiton, en disant:

$$461 : 121 :: 793 : x$$

$$x = \frac{793 \times 121}{461}$$

$$x = 208\tfrac{65}{461}.$$

On voit par là que la dilatation de la totalité de l'acier est de $208\tfrac{90}{461}$, et que celle du laiton est de $208\tfrac{65}{461}$, qui sont égales à une fraction de $\tfrac{25}{461}$ de lignes près; différence, qui ne peut entrer dans le calcul, d'autant plus que la compensation n'atteint son degré de perfection qu'après des expériences répétées avec le pyromètre.

48. En faisant les verges et les chassis du pendule des dimensions ci-dessus données, il reste encore à vérifier l'exactitude de la compensation. Nous avons vu par le §. 37. que la même espèce de métal n'a pas toujours le même degré de dilatation, donc il est imprudent de se reposer uniquement sur le résultat du calcul. Pour procéder sûrement, on fait bien, avant les expériences, de laisser un peu plus de longueur aux verges de laiton, que le calcul n'indique; car en supposant, en suivant le calcul, la compensation moins forte qu'elle ne devrait être, la plus grande extension des verges en laiton remédierait à cela.

Au contraire, si la compensation était trop forte, rien ne serait plus facile que de raccourcir les verges de laiton, et de parvenir, par là, au degré de précision désirable. Le pyromètre peut nous convaincre de l'exactitude de la compensation. En suspendant le pendule à son couteau, et en combinant le centre de la lentille avec le méchanisme du pyromètre, tout est disposé pour l'expérience. Après cela on change la température, ou par la glace, ou par l'action du feu, et pour que la compensation soit exacte, il faut que cette température variée, ne fasse ni avancer, ni reculer sensiblement l'aiguille du pyromètre. Si les expériences indiquaient que les verges en laiton fussent trop longues, il faudrait les raccourcir peu-à-peu, jusqu' à ce qu'on eût trouvé la longueur convenable. Ces expériences prennent assez de temps, et ce n'est qu' avec beaucoup de soins qu'on obtient l'exactitude requise.

49. Mr. F. Berthoud a trouvé qu' il faut avoir égard à la grosseur des chassis et des verges, et la varier suivant le poids de la lentille. Il a trouvé qu'un pendule à compensation dont la lentille pesait 63 livres se dilatait par la chaleur, mais qu'après, la condensation des

5

plus gêner les verges.　L'écrou qui soutient ou porte la lentille doit se tourner avec assez de frottement, pour ne pas se déranger de sa place.　En observant ce que nous venons de dire relativement à la composition du pendule, on ne peut manquer de réussir complétement quant à la compensation.

51. On a cherché à produire la compensation du pendule par divers autres moyens, mais presque tous plus défectueux les uns que les autres.　On a fait la verge du pendule de verre, parceque ce corps se dilate moins que les métaux: cependant il a une assez grande dilatation, et ne remédie que faiblement à l'influence nuisible de la température.　On a encore employé des verges de bois, soit de sapin, soit d'ébène.　Le bois est encore sujet à quelque dilatation, comme l'a prouvé Mr. BERTHOUD; d'ailleurs l'influence de l'humidité et de la sécheresse nuit considérablement à la précision.　On a cru y remédier en couvrant la verge d'un vernis, mais malgré cela, il ne semble pas que le bois puisse jamais être employé avec avantage. Il paraitrait moins défectueux de composer le pendule d'un tube de verre, portant un reservoir pour du mercure, en

supposant la possibilité de trouver la proportion exacte entre le réservoir, la grosseur du tube et le mercure, qui en
montant ou en descendant dans le tube, devrait, malgré la
dilatation et la contraction du tube, fixer le centre d'oscillation au même point.   Comme on n'est pas à même, par
aucune expérience sûre de déterminer la juste proportion entre le mercure et le tube, on voit que ce n'est que par ha-
zard qu'on pourrait parvenir au but, et ainsi ce moyen
doit être rejeté comme imparfait.   Malgré que le pendule, dont nous venons de donner la description et dont
Mr. F. BERTHOUD est l'inventeur, remplisse parfaitement
le but, on pourrait néanmoins souhaiter un mode de compensation, qui rendit l'ouvrage moins long.   Le célèbre
ARNOLD à Londres est parvenu à la compensation du pendule d'une manière très simple, et comme l'expérience a
assez prouvé l'excellence de sa méthode, je crois à propos
de l'énoncer ici, afin de faire connaître aux artistes comment on peut, sans beaucoup de peine, vaincre l'obstacle de
l'influence de la température, et trouver plus de facilité
dans la construction des pendules astronomiques.

Description du pendule à compensation
de Mr. ARNOLD.

52. CE PENDULE est composé de trois verges en acier, et de deux en *zinc*. La dilatation du zinc étant très considérable, on peut produire l'effet suffisant par ces deux verges; mais comme la tenacité du zinc est moindre que celle du cuivre, il est indispensable de les faire assez grosses pour prévenir l'affaissement par le poids de la lentille. Le pendule à compensation d'ARNOLD est représenté en raccourci Pl. XIX. Fig. I. $A\,A\,a$ est une verge cylindrique ou baguette en acier, par laquelle le pendule est suspendu. Cette verge passe librement dans la pièce L, qui, étant percée d'un trou assez grand, ne peut empêcher le mouvement libre de la verge. Dans la gravure on ne voit qu'une partie de cette verge. La partie inférieure entre dans un trou percé à la pièce $K\,K$, et la verge est fixée à cette pièce par une goupille a, qui traverse et la pièce $K\,K$ et la verge $A\,A$. Les deux verges cylindriques $B\,B\,b$ et $B\,B\,b$, qui sont de zinc, sont de même fixées par leur bout inférieur à la pièce $K\,K$ par les deux goupilles b, b qui traversent $K\,K$ et les verges. La partie supérieure

de ces verges entre dans des trous percés à la pièce L, et les deux goupilles $g\,g$ les fixent solidement à cette pièce. Les deux verges $C\,C\,c$, $C\,C\,c$, sont en acier; leur partie supérieure est fixée à la pièce L par les goupilles $d\,d$, et leur partie inférieure à F par les goupilles c, c. La pièce H est fixée aux deux verges $C\,C\,c$, $C\,C\,c$ par les goupilles $e\,e$; les verges $B\,B\,b$, $B\,B\,b$ et $A\,A\,a$ ont un mouvement libre dans cette pièce. La lentille E peut monter et descendre à volonté; elle est soutenue et fixée aux verges de compensation par la vis D, qui va à frottement dans la partie F; cette vis a une tête cylindrique G, divisée comme le représente la gravure. Ces divisions servent à voir de combien on fait monter ou descendre la lentille; le petit index h est appliqué à la lentille pour cet effet. Le limbe $M\,M$, divisé en degrés, indique par l'index ou la pointe m la grandeur des arcs de vibration; chose très utile, par laquelle on est à même de s'assurer de la parfaite égalité des arcs de vibration.

Le jeu des verges de compensation est très aisé à concevoir. Par l'influence de la chaleur $A\,A\,a$ s'allonge; mais suspendue par en haut, elle fait descendre de quelque chose la pièce KK. Les verges BBb, BBb s'allongent plus que AAa, et fixées à KK, la dilatation produit son effet contre la pièce traversière L, de sorte que celle-ci monte ou s'élève de quelque chose. Les deux verges CCc, CCc s'élèvent de même, malgré leur dilatation, et assez pour que la piéce F reste invariablement à la même distance du point de suspension du pendule. La lentille étant fixée à cette pièce F, ne peut non plus changer de place relativement au point de suspension. Pour que la compensation soit exacte il faut que la somme des dilatations d'AAa, de CCc et de la vis FG, soient parfaitement égales à la dilatation de BBb. Pour cet-effet Mr. ARNOLD donne aux parties différentes de ce pendule les dimensions suivantes:

La verge d'acier du milieu AAa depuis le
    point de suspension jusqu' à son extré-
    mité de : . . . . 38″ 3‴
Les verges de zinc BBb, chacune de . . . . 17″ 2‴
Les verges d'acier CCc, chacune de . . . . . 17″ 10‴
Le diamètre de la lentille est de . . . . 7″ 1‴

Après la construction de ce pendule, il est indispensable de l'assujettir aux expériences pyrométriques, pour s'assurer de la précision de la compensation. On fera toujours bien de donner aux deux verges de zinc un peu plus de longueur que l'exactitude ne semble l'exiger, car il sera assez facile de les raccourcir si la compensation est trouvée trop forte, tandis qu'il serait impossible de les allonger si elle ne l'était pas assez. Il y a à observer que les verges en zinc doivent avoir un diamètre presque double de celles en acier, pour empêcher l'affaissement.

REMARQUE. Mr. Arnold suspend ses pendules par un ressort en or. Ce moyen ne parait pas le meilleur. Voyez §. 25.

CHAPITRE TROISIEME.

Du balancier et du ressort spiral. De la compensation par le spiral, et de celle par le balancier même. De l'Isochronisme des vibrations par le spiral.

ARTICLE PREMIER. *Du balancier; du ressort spiral; du frottement des pivots du balancier, et de la résistance de l'air.*

53. LE BALANCIER est le régulateur des horloges portatives. Nous savons (§. 5.), que le balancier est un corps circulaire concentrique à son axe, et en parfait équilibre dans toutes les positions possibles. Les extrémités de l'axe sont terminées en pivots, qui roulant dans des trous convenables, facilitent le mouvement libre du balancier. Le pendule vibre par la pesanteur; le balancier par un ressort très élastique, en forme de spirale, qui tire son nom de sa forme. On voit ce ressort ainsi que le balancier en Fig. 1, 2, 3 Pl. 2. La Fig. 3 les représente rassem-

6

blés et en perspective. La Fig. 4 nous fait voir le balancier monté entre le coq et la potence; *a a* est le balancier, *b b* l'axe ou la tige, et *c c* le spiral; *d* est un piton, fixé à la platine *A*, par un pivot, qui y entre à frottement.   Ce piton est percé dans une direction parallèle à la platine *A*, et la spire extérieure du spiral est fixée à ce piton par une goupille qu'on fait entrer à force dans le trou du piton. La spire intérieure du spiral est fixée au *cuivreau* du spiral par une goupille, de la même manière que la spire extérieure.

On voit en Fig. 3 le cuivreau du spiral; *a* et *b* sont les pivots du balancier, et Fig. 5 indique les trous et leur forme; *b* est une noyeure pour l'huile et *d d* une plaque en acier trempé bien polie.   Le bout du pivot roule contre cette plaque.   *c c* est en forme de goutte de suif, ou conique, afinque l'huile puisse se tenir près du trou par l'attraction.   Ici on suppose les trous simplement en laiton.

54. LE BALANCIER en mouvement oscillerait toujours, si la résistance de l'air et le frottement des pivots dans leurs trous, ne détruisaient peu à peu le mouvement. Pour entretenir le mouvement du balancier il faut une

force extérieure, qui puisse réparer la perte de mouvement.
Cette force doit être plus ou moins grande suivant la plus
ou moins grande résistance de l'air, et le plus ou moins de
frottement des pivots.   En réduisant le frottement à une
petite quantité aussi bien que la résistance de l'air, le
mouvement du balancier s'entretient avec peu de force réparative: les vibrations naturelles du balancier sont moins
troublées, et le temps est mesuré plus exactement.   Il est
donc nécessaire de disposer le balancier de manière que le
frottement et la résistance de l'air se réduisent à la plus
petite quantité possible; cependant sans perdre de vue différentes autres propriétés du balancier nécessaires à l'exacte
mesure du temps.

55. L'HORLOGE portative est exposée à des agitations ou mouvements, qui influent sur les arcs de vibration
du balancier et qui peuvent produire un effet nuisible à sa
régularité.   On doit chercher à remédier à cet inconvenient, et pour rendre la mesure du temps par ce régulateur
aussi exacte que possible, on sent combien il est essentiel
de bien connaître:

1°. *Le moyen propre à diminuer autant que possible l'influence du mouvement extérieur sur les vibrations du balancier.*

2°. *Les moyens propres à réduire le frottement à la plus petite quantité possible.*

3°. *Les moyens propres à réduire la résistance de l'air à la plus petite quantité possible*).*

Du moyen propre à diminuer autant que possible l'influence du mouvement extérieur, sur les vibrations du balancier.

56. Le mouvement extérieur influe sur les vibrations, et change l'étendue de leurs arcs. En supposant le mouvement extérieur dans le même plan que celui du mouvement du balancier, on conçoit que l'étendue des arcs du balancier devient par là plus ou moins grande suivant la direction du mouvement extérieur. La mesure du temps se fait plus exactement quand les vibrations sont toujours également grandes, et par conséquent, il est essentiel

---

*) C'est à Mr. *Fd. Berthoud* qu'on doit l'établissement des principes du balancier; c'est lui qui a prouvé le premier qu'il n'est pas indifférent que les vibrations soient promptes ou lentes, que les balanciers soient petits et grands, légers ou pesants.

de rendre les vibrations telles, qu'elles restent à peu près d'égale étendue, malgré les agitations extérieures. Quoiqu' il ne soit pas possible de rendre entièrement nulle l'influence des agitations extérieures, on peut cependant en approcher tellement, qu'il reste peu à desirer. En supposant que le balancier fasse deux vibrations par seconde, l'arc de vibration de 175°, et le mouvement extérieur de la montre dans le même plan que le balancier, et de 25° dans une demi-seconde; alors il est évident que le mouvement du balancier est 7 fois plus fort que celui de la montre; par conséquent, les arcs de vibration ne peuvent augmenter ou diminuer que d'un septième. Les plus grandes vibrations seront donc de 200° et les plus petites de 150°. Supposons à présent que le balancier fasse quatre vibrations par seconde, et les arcs de vibration de 175°, et comme dans la supposition précédente, le mouvement extérieur de la montre de 25° dans une demi-seconde, alors le mouvement du balancier devient 14 fois plus fort, que celui de la montre, et les arcs de vibration ne peuvent augmenter ou diminuer que d'un quatorzième. Les plus grands arcs seront de $187\frac{1}{2}°$, et les plus petits de 163½°.   Suivant notre première supposition, les arcs changeaient d'étendue de 50° et suivant celle-ci, ils ne changent que de 25°; d'où on peut établir la règle: *Qu'en augmentant le nombre des vibrations, l'étendue des arcs restant la même, on diminue l'influence des agitations de la montre, ou du mouvement extérieur, et que généralement, plus le balancier a de vîtesse, mieux il résistera aux effets des agitations.*

57.   MALGRÉ la vérité de la règle précédente, le nombre des vibrations et la vîtesse du balancier sont cependant limités, car l'expérience nous a montré que des vibrations trop promptes augmentent si fort les frottements, que les différentes parties de la machine se détruisent subitement.   Il convient donc de prendre un terme moyen, et de ne pas rendre les vibrations plus promptes, que la solidité de l'ensemble de la montre ne peut le permettre.

58.   L'EXPERIENCE nous a donné des règles sûres à suivre; en faisant faire tout ou plus 5 vibrations au balancier par seconde, ou pour le moins 4 dans ce même temps, on approche le plus du but.   Cinq vibrations conviennent surtout à des pièces fort exposées aux agitations, et quatre à des pièces destinées à être simplement

portées. Les arcs de vibration varient suivant la nature des échappemens; cependant il est toujours avantageux de faire parcourir au balancier une étendue d'arc de 280 à 300°. Il y a des cas où il convient de faire décrire une plus grande étendue d'arc de vibration; nous en ferons mention dans la suite *).

Du frottement des pivots du balancier, et des moyens propres à le réduire à la plus petite quantité possible.

59. Avant de déterminer les moyens propres à réduire le frottement du balancier, il est nécessaire de savoir ce qu'on entend par *la quantité de mouvement* d'un balancier. Il y a deux choses à considérer dans le mouvement du balancier, l'une la pesanteur ou la masse du balancier, et l'autre la vîtesse. *La masse multipliée par le quarré de la vîtesse donne la quantité de mouvement du balancier* **).

*) Les chronomètres anglais ainsi que les montres marines anglaises si justement renommées, font ordinairement 5 vibrations par seconde, ou 18000 vibrations par heure. Quelquefois elles ne font que 4 vibrations par seconde, mais jamais au dessous.

**) On n'est pas généralement d'accord, si la quantité de mouvement du balancier est en raison du produit de la masse et de la vîtesse,

60. La QUANTITE de mouvement du balancier doit être la plus grande possible relativement au frottement des pivots du balancier; car ce n'est que par la quantité du mouvement que les frottements sont vaincus.

61. ON PEUT donner au balancier la même quantité de mouvement de deux manières: ou par une plus grande pesanteur et moins de vîtesse, ou par une plus grande vîtesse et moins de pesanteur.   Supposons le poids d'un balancier quelconque de 16, sa vîtesse de 16 de même, alors la quantité du mouvement sera de $16 \times 16^2 = 4096$.   En supposant le poids d'un autre balancier égal à 4, et par conséquent bien plus léger que le précédent, et la vîtesse de 32, alors la quantité de mouvement sera de $4 \times 32^2 = 4096$, comme dans notre première supposition.

ou bien en raison de la masse et du quarré de la vîtesse.   Mr. *F. Berthoud* évalue la quantité de mouvement du balancier par le quarré de la vîtesse, et comme sa théorie sur l'isochronisme du spiral ou des vibrations est fondée sur ce principe, et que par l'application de sa théorie, il est parvenu à rendre isochrones les vibrations d'inégale étendue d'arcs, il me parait qu'on ne doit nullement s'écarter d'un principe, suivi avec tant de succès par cet artiste savant.

62. On voit par ceci qu'il s'agit de déterminer s'il convient d'augmenter la masse ou bien la vîtesse du balancier, pour réduire le frottement à la plus petite quantité possible.   Pour cet effet, supposons la vîtesse d'un balancier quelconque égale à 3, et celle d'un autre à 4. Mettons le poids du premier de ces balanciers égal à 16, et celui du second balancier à 9, alors il est évident que ces deux balanciers ont la même quantité de mouvement, car $3^2 \times 16 = 4^2 \times 9 = 144$.   On sait que les frottemens sont à peu près en raison des espaces parcourus multipliés par le poids des masses, et on voit conséquemment, que le frottement du premier balancier peut-être exprimé par 3×16, et celui du second par 4×9.   La quantité de mouvement du premier balancier est au frottement comme $144 : 3 \times 16$ ou 48, et celle du second comme $144 : 4 \times 9$ ou 36.   Il en résulte donc: *Qu'on diminue le frottement en faisant un balancier moins pesant avec une grande vîtesse, plutôt qu'un balancier pesant avec peu de vîtesse.*

63. A present il y a encore à examiner si le diamètre du balancier influe sur le frottement.   Pour cet effet supposons deux balanciers de même poids, mais de

7

différens diamètres, et que leurs extrémités parcourent des espaces d'égale étendue *).

      Alors on conçoit que, malgré que l'étendue soit la même, les pivots du balancier au grand diamètre parcourent moins d'espace que ceux du balancier au petit diamètre, et que, si le diamètre du grand balancier était double de l'autre, alors les pivots ne parcourraient que la moitié de l'espace que parcourent les pivots du petit balancier. Nous savons que les frottemens sont en raison des espaces parcourus et du poids de la masse. Les poids étant les mêmes dans notre supposition, les frottemens sont comme les espaces parcourus, et comme l'espace parcouru par les pivots du grand balancier, est moins grand que celui parcouru par ceux du balancier au petit diamètre, nous pouvons tirer la conclusion: *Que de deux balanciers de même pesanteur, mais de différents diamètres, le grand a moins de frottement que le petit.*

  *) Observons que ce sont des espaces d'égale étendue, et non pas la même quantité de degrés. Si le diamètre d'un de ces balanciers était double de celui de l'autre, et que les espaces parcourus fussent les mêmes, alors il est clair que le balancier avec le petit diamètre parcourrait le double des degrés de l'autre.

64. Nous avons vu qu'un rapport convenable entre le poids, la vîtesse et la grandeur du balancier, contribue beaucoup à la réduction du frottement. A présent, il convient encore de considérer les moyens de réduire le frottement par les pivots même. Nous savons, par les expériences faites à ce sujet, que les gros pivots occasionnent plus de frottement que les petits; et que celui-ci est en raison des diamètres. Nous savons de même, que la longueur des pivots n'augmente pas sensiblement les frottemens, que les corps unis et bien polis en produisent moins que ceux qui ont des surfaces inégales, que les corps durs sont surtout propres à recevoir des surfaces unies et bien polies, par le resserrement de leurs pores; que les frottemens diminuent quand les corps frottans sont faits de différentes matières*), et qu'on introduit de l'huile entre les surfaces frottantes.

65. D'après le paragraphe précedent, nous pouvons établir les règles suivantes:

*) Cette règle donnée par les physiciens n'est pas cependant sans exception, comme on le verra dans la suite de cet ouvrage.

1º. Que des pivots d'un petit diamètre occasionnent moins de frottement que ceux d'un grand diamètre, *et qu'on doit chercher à faire les pivots d'un diamètre aussi petit que la matière et la solidité peuvent le permettre.*

     Remarque. Il est bien vrai qu'un pivot de petit diamètre use plus vîte le trou, mais on peut remédier à cela, en donnant un peu plus de longueur au pivot et au trou. Nous savons que la longueur des pivots n'augmente pas sensiblement le frottement; car un pivot long éprouve moins de pression sur les différentes parties suivant sa longueur, et presse par conséquent moins contre les différentes parties du trou.

2º. Qu'on diminue le frottement, en rendant les pivots aussi unis que possible, aussi bien que les trous; pour cet effet il convient de polir les pivots au plus haut degré, ainsi que les trous. Non seulement on diminue par là le frottement, mais on prévient que les parties ne s'usent.

3º. On diminue le frottement en faisant le pivot et le trou de différentes matières; p. Ex. le pivot en acier trempé et le trou en laiton ou en or bien écroui; ou ce qui vaut mieux, en pierre dure.

4°. Pour empêcher les différentes parties de se ronger, et pour faciliter le mouvement libre des pivots dans leurs trous, on introduit dans ceux-ci de l'huile.   Cette huile doit être aussi fine et pure que possible.   (On emploie avec le plus de succès l'huile d'olive°).

REMARQUE. Le spiral pourrait augmenter considérablement le frottement, s'il pressait les pivots avec trop de force contre les parois des trous.   Pour prévenir cet inconvénient, il faut absolument poser le spiral de manière que le centre du spiral et celui du balancier ou le pivot, se trouvent réunis dans un même point.

*) Il y a encore une manière très ingénieuse de diminuer le frottement aux pivots du balancier, c'est par le moyen des rouleaux, dont *Sully* parait être l'inventeur.   Mr. *Ferdinand Berthoud*, *Mudge* et plusieurs autres artistes s'en sont servis avec beaucoup de succès; mais depuis que l'usage des pierres percées est devenu plus général, on abandonne les rouleaux, et on préfère ce dernier moyen qui est infiniment plus simple.

De la diminution de la résistance de l'air.

66. Nous avons vu que la résistance de l'air n'est point une chose indifférente dans la construction du pendule, et qu'on devrait suivre le même raisonnement en construisant le plus avantageusement possible le balancier. Cependant il ne dépend pas de nous de réduire la résistance de l'air au balancier à une très petite quantité, car cela ne pourrait se faire qu'en augmentant le frottement, dont les effets sont infiniment plus nuisibles à la régularité du mouvement du balancier, que ne l'est la résistance de l'air. Celle - ci augmente avec les surfaces résistantes ($.29) et nous voyons ($. 62 et 63) qu'il convient de faire le balancier d'un grand diamètre, pour diminuer le frottement. La résistance de l'air étant presque sensiblement toujours la même, elle ne peut changer sensiblement la régularité du balancier, mais ce n'est pas le cas avec le frottement. Le frottement peut augmenter en rongeant les différentes parties, et par l'épaississement des huiles: l'augmentation des frottemens diminue l'étendue des arcs de vibration du balancier et le temps n'est plus mesuré avec la même précision. Le frottement est d'autant plus sujet à augmenter,

qu'il est grand en lui même, et ce n'est qu'en le rendant aussi petit que possible qu'on parvient à le rendre constant autant qu'il se peut.   Or, comme il ne dépend pas de nous de diminuer la résistance de l'air, en rendant les vibrations d'une étendue moins grande, et le balancier moins grand; il ne nous reste, qu'à donner au balancier la forme la plus avantageuse, pour que la résistance devienne parlà aussi petite que possible; on parvient à ce but, en faisant la surface du balancier aussi petite que possible.   Pour cet effet, il convient de le faire d'un métal, dont la pesanteur spécifique soit la plus grande possible: le platine est le plus avantageux; après le platine, l'or; après l'or, le laiton.   Il y a des métaux d'une plus grande pesanteur spécifique que le laiton, mais qui n'ont pas assez de consistance.   Relativement à la forme du balancier, il convient de préférer celle qui contient le plus de matière ou la plus grande masse sous le plus petit volume, et par cette raison, il est toujours avantageux de faire le balancier en forme d'anneau.   Les trois bras qui vont du centre à l'anneau doivent être tranchans, pour mieux fendre l'air.

67. APRES avoir réduit le frottement et la résistance de l'air à la plus petite quantité possible, et après avoir employé les moyens propres à anéantir, autant qu'il se peut, l'influence du mouvement extérieur, le balancier a acquis une grande précision pour la mesure du temps. Il nous reste encore à connaître l'influence de la température sur le balancier, et les moyens propres à rendre nul l'effet du chaud et du froid sur la durée des vibrations.

ARTICLE SECOND. *Du rateau; de l'influence de la température sur le spiral, et sur la durée des vibrations du balancier, et de la compensation par le spiral.*

68. POUR bien sentir l'effet de la compensation par le spiral, il convient de connaître les effets et l'usage du *rateau*, ou de la *coulisserie*. Nous savons que la vîtesse des vibrations du balancier dépend de la force du spiral, et que les vibrations sont d'autant plus promptes, que le spiral a plus de force, et d'autant moins promptes, qu'il a moins de force. La force du spiral dépend de l'épaisseur de sa lame ou des spires, et de sa longueur. L'épaisseur

de la lame étant déterminée, la force varie suivant sa longueur, de sorte que le spiral augmente en force à mesure
qu'on raccourcit la lame, et qu'au contraire, il devient
plus faible à mesure que la lame s'allonge. Pour produire un nombre de vibrations donné par le balancier, on
y applique un spiral dont la force est proportionnée à l'effet
requis, et pour arriver plus promptement à cette force requise, on applique au spiral le rateau, qui en allongeant
ou en raccourcissant la spire extérieure du spiral, produit
plus ou moins de force suivant le besoin. Le paragraphe
suivant indique le méchanisme du rateau.

69. LA FIG. 6 Pl. 2 représente le balancier *a a*
avec son spiral *b*, dont la spire extérieure est fixée au coq
A près de *c*, et dont la spire intérieure est fixée à l'axe du
balancier par le cuivreau de spiral, ainsi que nous l'avons
indiqué §. 53. Sur le coq *A* on voit la pièce cylindrique *e*, dans laquelle est percé un trou pour le pivot du
balancier. La pièce *g m*, en acier, est ajustée sur cette
pièce *e*, de sorte que, tandis *m* parcourt les divisions de *F*
en *L*, la partie *h* parcourt une portion de cercle de *k* en *l*,
c'est à dire *h* suit une partie de la spire extérieure du spiral.

Pour empêcher que la pièce *g m*, qui s'appelle le rateau ne se lève, on peut y appliquer une pièce en acier, comme celle en Fig. 7. Deux vis en *d d* fixent la pièce au coq. En Fig. 8 on voit le coq par dessous, et le spiral est placé comme quand le balancier vibre. On y voit le bras du rateau *b* portant les deux goupilles *m* et *n*. La spire extérieure du spiral ne doit avoir qu'un très petit jeu entre ces deux goupilles qui empêchent le bout *b o* du spiral de jouer pendant les vibrations. On voit par là, qu'en poussant le rateau vers *p*, on raccourcit la partie active du spiral, et qu'il devient par là plus fort, et au contraire, qu'en poussant *b* vers *g*, on allonge la partie active du spiral, ce qui le rend plus faible*). Par ce moyen on peut facilement donner plus ou moins de vîtesse aux vibrations du balancier, suivant le besoin.

70. La Fig. 8 indique que les goupilles *m* et *n* sont un peu éloignées l'une de l'autre. Si l'éloignement était très grand, on conçoit que l'effet en serait nul, car

---

*) Il y a plusieurs manières de construire le rateau, mais elles tiennent toutes au même principe. Cette méthode-ci est la plus simple et la plus sûre possible, et remplit parfaitement le but.

la spire extérieure ne pourrait y atteindre pendant les vibrations. La distance de ces goupilles doit être telle, que le
spiral ait un peu de jeu. En supposant que ces deux
goupilles puissent s'éloigner ou s'approcher pendant les vibrations, on voit facilement que cela influerait sur leur
vîtesse, car la partie *b o* du spiral jouerait plus ou moins
avec les spires actives du spiral. Les goupilles en s'éloignant donneraient moins de vîtesse aux vibrations; en s'approchant, au contraire, les vibrations deviendraient plus
promptes. Ceci a donné lieu à une compensation ingénieuse et très simple.

De l'influence de la température, ou du chaud et du froid, sur la durée des vibrations du balancier.

71. L'EGALE durée des vibrations du pendule est
troublée par l'influence du chaud et du froid, ou par les
variations de la température: celle du balancier l'est encore
à un plus haut degré. Les variations du pendule sont
occasionnées par la simple dilatation et contraction de la
verge du pendule, mais celles du balancier, proviennent non

seulement de la dilatation et la contraction du balancier, mais
encore de ces mêmes effets du chaud et du froid sur le spiral.
La chaleur agrandit le balancier, ce qui rend déjà les vibrations plus lentes; le spiral qui s'allonge par la même cause, devient plus faible et rend les vibrations encore plus
lentes. Le froid, au contraire, rend le balancier plus
petit et le spiral plus court, de sorte que les vibrations
deviennent plus promptes. L'expérience a montré que
l'influence de la température est si considérable, qu'une
montre réglée par la plus grande chaleur de l'été, avance
journellement de 5 à 6 minutes pendant les plus grands
froids de l'hyver, et qu'au contraire, cette même montre,
réglée pendant les plus grands froids de l'hyver, retarde
5 à 6 minutes journellement pendant les grandes chaleurs
de l'été *). Nous voyons par là qu'il est indispensable
d'employer un méchanisme de compensation aux horloges
destinées à mesurer le temps avec beaucoup d'exactitude.

*) C'est à dire une montre dont l'échappement est à roue de ren-
contre. On conçoit facilement que les montres qui ont servi
à ces expériences pendant l'hyver, ont été exposées nuit et jour
au grand froid. Dans le gousset, où la chaleur est jusqu' à
25°, cet effet n'aurait naturellement pas eu lieu.

La compensation peut être produite de différentes manières, et on employe des moyens plus ou moins suffisans, suivant le degré d'exactitude qu'on se propose d'obtenir de l'horloge. La compensation simple par le spiral est suffisante pour donner un très grand degré de justesse aux montres destinées à l'usage ordinaire. La compensation par le balancier même, qui est la plus parfaite qu'on ait, n'est ordinairement employée que dans les montres marines ou horloges à longitudes.

De la compensation simple par le spiral.

72. POUR mieux sentir l'effet du compensateur qu'on applique au spiral, il conviént de voir premièrement l'effet que produisent le chaud et le froid sur deux métaux combinés comme l'indique Fig. 9 Pl. 2. *A B* représente une lame composée, dont le côté *a a* est supposé de cuivre jaune, et l'autre *b b* d'acier. En exposant cette lame composée à l'influence de la chaleur, les deux métaux se dilateront; mais nous savons par la table de dilatation de Mr. BERTHOUD, que le cuivre jaune se dilate presque le double de l'acier, et par conséquent, la lame *a a*, par sa

plus grande extension, forcerait la partie B de cette lame dans une direction vers D. En exposant, au contraire, la lame composée aux effets du froid, le cuivre jaune se condenserait plus que l'acier, et la partie B prendrait une direction vers C. Or, on peut produire un mouvement assez considérable par la combinaison de deux métaux de différens degrés de dilatation et de condensation. On peut aisement se convaincre de cet effet de la lame composée, en l'exposant à la chaleur d'une lampe, et le mouvement de la partie non fixée de la lame deviendra alors très visible.

73. Supposons actuellement la lame composée de la forme d'$A B C D$ Fig. 10; la partie extérieure de la lame d'acier, et la partie intérieure de cuivre. Supposons encore la partie B fixée à ne pouvoir changer de place, alors, par l'effet de la chaleur, la partie A prendra une direction vers c, et par cela même, la partie D s'approchera de e; mais la chaleur, en agissant sur la partie $C D$, produit encore l'effet que D s'approche d'avantage de e, de sorte que le mouvement total de D devient très considérable, et cela plus ou moins suivant le degré de cha-

leur à laquelle $ABCD$ est exposé. La direction du mouvement de D, quand $ABCD$ est exposé au froid, est
contraire à celle du cas précédent, et D prendra une
direction vers f, ou ce qui revient au même, s'approchera
de B, tandis que la chaleur écartera D de B. Par l'effet
du chaud $ABCD$ s'ouvrira; par le froid il se fermera.
Nous savons (§. 70) que moins de jeu entre les goupilles
du spiral produit des vibrations plus promptes, et au contraire, que plus de jeu produit des vibrations moins promptes. En appliquant $ABCD$ au rateau de manière que
la partie B soit fixée par une vis, et que la partie D puisse
avoir un mouvement libre suivant les différens degrés de
température, comme l'indique Fig. 11, on conçoit que le
jeu du spiral variera suivant l'influence de la température
sur ce compensateur. Par le chaud D s'approchera de la
goupille fixe a, et le spiral aura moins de jeu; par le froid
il s'en écartera, et le jeu du spiral augmentera. L'effet
du chaud, qui tend à rendre les vibrations du balancier
moins promptes, sera compensé par le resserrement des goupilles du spiral, et l'effet du froid qui rend les vibrations
plus promptes, sera de même compensé par l'écartement de

ces goupilles.   Malgré que ce compensateur, très attrayant
par sa simplicité, ne soit pas suffisant pour produire la plus
grande exactitude, on voit cependant qu'il peut être employé comme un excellent correctif, et Mr. Breguet qui
en est l'inventeur, l'employe avec succès dans plusieurs de
ses pièces.

74. J'employe un autre moyen de compensation
simple par le spiral, de mon invention, dont je me suis
servi avec succès dans quelques montres déstinées à l'usage
ordinaire, mais néanmoins à une mesure très exacte du
temps.   Le principe de ce compensateur est différent de
celui, décrit dans le §. précédent, en cela qu'il rend le spiral plus ou moins court suivant le besoin, tandis que l'autre
compense l'influence de la température en laissant au spiral
plus ou moins de jeu entre les goupilles.   Fig. 2 Pl. 19
représente le rateau $A a$; $b b c$ est une lame composée
d'acier et de cuivre jaune; cette lame est fixée au bras du
rateau par la vis en d et l'extrémité c porte les deux goupilles qui contiennent la spire extérieure du spiral.   La
partie d de la lame composée est assez haute ou élevée,
pour que celle-ci se trouve dans un plan inférieur à celui

du rateau.   On conçoit que la partie *c*, ou les deux goupilles, suivent la spire extérieure du spiral, de sorte qu'il est facile de régler la vîtesse des vibrations, en poussant la partie *a* du rateau du côté convenable.   La Fig. 3 indique le côté inférieur du coq *A*; la partie extérieure du spiral *e c d* est fixée au piton *G*.   La lame composée ou le compensateur est fixée au bras du rateau *F*, de sorte que la partie *f* a un mouvement libre suivant l'influence du chaud ou du froid.   La lame intérieure du compensateur étant celle de laiton, le chaud fera avancer les deux goupilles près de *f* vers *c*, suivant ce que nous avons expliqué §. 72.   La partie active du spiral deviendra alors plus courte, par conséquent plus forte et les vibrations plus promptes, de sorte que l'effet du chaud qui produit des vibrations moins promptes sera alors compensé, et cela plus ou moins suivant les dimensions du compensateur et la longueur du spiral.   Le froid, agissant sur le compensateur, fait au contraire reculer les goupilles vers *d*; la partie active du spiral deviendra plus longue, et par là plus faible, et l'effet du froid qui tend à rendre les vibrations plus promptes, sera de même compensé.   La Fig. 4 représente le coq *A*,

9

le rateau D, le compensateur Ff, le spiral e et le balancier B en profil.

75. PAR la disposition de ce compensateur, les arcs de mouvement des goupilles par l'effet du chaud et du froid, seront sensiblement concentriques au centre du spiral, et elles suivront, pendant la compensation, la ligne circulaire de la spire extérieure du spiral. En supposant celle-ci d'égale épaisseur dans toute sa longueur, on voit que la compensation se fera proportionnellement à la variation du chaud et du froid, et qu'on peut avoir assez de succès par ce moyen de compensation simple. Je ne m'en suis servi que dans des montres d'une forme assez haute, pour celles d'une forme plate, il convient d'employer le compensateur de Mr. BREGUET, comme on le voit aisément en jetant l'oeil sur la Figure qui représente cette disposition de compensation.

De la compensation par le balancier même; de la forme cylindrique du ressort, et de l'isochronisme des vibrations.

76. LES HORLOGES à longitudes exigent une compensation aussi parfaite que possible, et celle-ci ne peut

être produite que par le balancier même*). Le principe de la compensation par le balancier est très simple et très ingénieux; car le chaud qui rend les vibrations moins promptes rend en même temps le diamètre du balancier plus petit par la compensation, de sorte que le centre d'oscillation s'approche par là du centre de mouvement et compense ainsi l'effet de la chaleur. Le froid, au contraire, agrandit le diamètre du balancier par la compensa-

*) Plusieurs artistes célèbres ont fait la compensation à leurs horloges marines par le spiral même. Ils faisaient agir un compensateur composé sur un levier ou pince-spiral, qui raccourcissait ou allongeait la partie active du spiral suivant la température. Mr. *Fd. Berthoud* a décrit dans un grand détail sa manière de compensation par le spiral dans son *Traité des horloges marines.* Mr. *Thomas Mudge* dans son livre intitulé: *Description of a Timekeeper,* London 1799 nous a de même donné la description d'une compensation par le spiral. Néanmoins on abandonne généralement cette méthode trop combinée pour que les effets en puissent être toujours très sûrs. Mr. *Berthoud* lui même a depuis composé nombre de montres marines où le balancier lui même portait la compensation. Mr. *Mudge* au contraire n'a pas changé la sienne; et si ses montres marines n'ont pas toujours eu le succès qu'on devait espérer d'une machine d'une si belle éxécution et dont l'échappement à force constante promet une grande régularité de marche, on a lieu de croire que les erreurs dérivent de la compensation.

tion; le centre d'oscillation s'éloigne du centre de mouvement, et l'effet du froid est de même compensé. Il y a
plusieurs constructions de balancier à compensation, mais il
me parait que Mr. ARNOLD a employé la plus parfaite; le
balancier que nous décrivons ici est de son invention.
$ABCD$, Pl. 2 Fig. 12, représente le balancier; EA et
EB en sont les deux bras, qui portent les deux lames cir-
culaires AC et BD et les masses A et B. Les masses C
et D sont portées par les deux lames AC et BD, qui
sont composées de deux métaux de différens degrés de dilatation et dont l'intérieur ee, ee se dilate et se condense
moins, que celui ff, ff appliqué extérieurement. Suivant
le §. 72. on sent aisément que le chaud fera approcher les
masses C et D du centre, et que le froid, au contraire,
les éloignera du centre. Donc le chaud rétrécit le balancier; le froid l'agrandit, et c'est par ce moyen que s'obtient
la compensation.

77. LA COMPENSATION sera plus ou moins forte,
suivant la longueur d'AC et BD et le poids des masses
C et D. Les lames étant longues, les masses C et D dé-
criront des arcs plus grands par le chaud et le froid, et

s'approcheront ou s'éloigneront plus du centre du balancier, et conséquemment le centre d'oscillation changera plus sensible-ment. Des masses pesantes changeront aussi plus sensible-ment le centre d'oscillation, que des masses légères. On voit donc qu'on est à même de rendre la compensation plus ou moins sensible suivant le besoin, et si par exemple, la compensation était trop forte, on n'aura qu'à approcher les masses C et D de A et de B, et la longueur des lames sera alors moins grande. Si ce moyen n'était pas suffisant, on y remédiérait en allégeant C et D. Si, au contraire, la compensation n'était pas assez forte, on pourrait arriver au terme en éloignant C et D de A et de B, et si ce moyen n'était pas suffisant, on serait obligé d'appliquer aux lames des masses plus pesantes que C et D. La par-tie extérieure des lames est taraudée, et les masses C, D vont à frottement, de sorte qu'il est aisé de les approcher ou de les éloigner de A et de B. Les masses A et B servent à régler la vîtesse du balancier.

78. CE N'EST que par des expériences réitérées et un tatonnement long et pénible, qu'on parvient à l'exacte compensation. Dans la suite de cet ouvrage, on verra

comment ces expériences se font, et ce n'est que quand l'horloge est achevée et remontée, qu'on est à même de faire ces expériences.   On verra en même temps comment l'horloge est réglée par les masses A et B.

79.   Ces balanciers doivent être travaillés avec tous les soins possibles et les parties opposées doivent rigoureusement être également pesantes et épaisses.   Les bras AE et EB doivent être de même poids, ainsi que les deux lames AC et BD.   Ces deux lames doivent rigoureusement être de même longueur, et les parties ee et ee d'une même épaisseur, ainsi que les parties ff et ff.   Ceci est très essentiel, car si les lames étaient d'inégale longueur et d'inégale épaisseur, les mêmes effets n'auraient pas lieu; les masses C et D ne s'approcheraient ou ne s'éloigneraient pas également du centre, et le balancier perdrait son équilibre.   Les masses A et B doivent être de même poids et en équilibre entr'elles, ainsi que celles C et D*).

---

*) On n'est généralement pas d'accord sur l'épaisseur relative, qu'il convient de donner aux deux métaux de la lame composée, et on suit ordinairement le principe de leur donner une épaisseur inversement portionelle à leur tenacité.   Par un grand nombre de thermomètres métalliques, que j'ai exécutés et qui ont été

80. QUANT au choix des métaux dont on compose les lames du balancier à compensation, il y a à observer :

1°. Qu'on doit faire usage de deux métaux d'un degré de dilatation ou de contraction bien différent, afin de produire assez de mouvement aux masses compensatrices.

2°. Qu'il convient de choisir en même temps des métaux d'une assez grande tenacité ou consistance, pour que les lames puissent conserver leur forme, et que la force centrifuge ne les éloigne pas du centre du balancier pendant les vibrations les plus promptes.

3°. Que les lames soient faites de deux métaux dont la pesanteur spécifique ne soit pas trop considérable, et cela pour réunir autant qu'il se peut tout le poids dans

exactement réglés d'après l'échelle de Reaumur, et dont l'effet est produit par une lame composée en forme de pinces, j'ai eu assez occasion de voir que la grosseur n'est pas bien limitée, et qu'on peut produire le même effet en faisant le cuivre d'une épaisseur double ou triple de celle de l'acier. J'ai de même pu m'assurer que la trempe de l'acier ne diminuait que fort peu la sensibilité de la lame.

les masses compensatrices, afin de pouvoir rendre la compensation assez forte.

Suivant le premier de ces trois articles, on peut fair usage de platine et de cuivre jaune pour la lame composée.   En effet plusieurs artistes s'en servent avec succès; néanmoins il parait que l'acier est préférable au platine, car il a plus de consistance que celui-ci, surtout étant trempé; il a moins de pesanteur spécifique que le platine, et sans augmenter le poids total du balancier, on peut rendre les masses compensatrices assez pesantes pour parvenir à une compensation assez forte.   L'exécution du balancier devient d'ailleurs plus aisée, en employant l'acier *).

81. LA RESISTANCE de l'air devient assez considérable au balancier à compensation; mais son effet n'est pas sensiblement nuisible à la régularité des vibrations, ainsi

---

*) Dans les horloges marines anglaises on fait généralement usage d'acier et de cuivre jaune.   Une objection qu'on fait assez souvent contre les balanciers en acier, savoir que le magnétisme pourrait y avoir une influence nuisible, parait tout à fait sans fondement, puisqu'on voit par l'expérience que la plûpart des horloges marines, dont la marche a été exacte, ont eu des balanciers composés d'acier.

que cela a été démontré .précédemment. Cependant on doit chercher à la réduire à la plus petite quantité possible, en faisant les masses réglantes et compensatrices d'un métal d'une grande pesanteur spécifique pour réduire leur volume autant qu'il se peut. On parvient encore à ce but en rendant les bras du balancier tranchans, et en donnant aux masses réglantes la forme de Fig. 13, et aux masses compensatrices la forme de Fig. 14 ou de grain d'orge.

De la forme du spiral et de l'isochronisme.

82. DANS les montres ordinaires les spires du spiral sont dans un même plan: aux horloges à longitudes on applique ordinairement un *spiral à boudin* ou *cylindrique*, comme celui représenté Fig. 15. Ces spiraux ont l'avantage que les spires ne peuvent *s'attoucher* par des vibrations très grandes, même de deux tours et au delà, ce dont il est aisé de s'assurer en faisant vibrer le balancier isolément. Leur travail se fait plus concentriquement au pivot du balancier, et cela diminue le frottement; d'ailleurs ils sont d'une exécution plus facile pour l'horloger même. En supposant le balancier toujours dans un plan horizontal,

comme c'est ordinairement le cas avec les horloges marines, on peut par le moyen de ces spiraux diminuer le
frottement sur le bout inférieur du pivot qui soutient tout
le poids du balancier, en comprimant le spiral suivant sa
hauteur; les spires s'approcheront et tendront à lever le balancier, de sorte que le pivot éprouvera moins de pression.
Pour cet effet il faut que le spiral ait assez de hauteur et
que les tours soient assez éloignés les uns des autres, pour
que dans l'état comprimé ils ne puissent s'attoucher.

83. Nous avons vu le moyen simple par lequel
on parvient à l'isochronisme du pendule; il n'est pas si aisé
de rendre isochrones les vibrations du balancier. Mr. F.
BERTHOUD qui a fait la découverte du moyen propre à
rendre isochrones les vibrations du balancier, a prouvé théo-
riquement et par des expériences que l'isochronisme peut
être obtenu par le spiral, et que cette propriété dépend et
de sa forme et de sa longueur. Comme ce n'est que
quand l'horloge marche, qu'on peut bien s'assurer de cette
propriété du spiral, il ne sera question du moyen propre
à y parvenir, qu'à la fin de cet ouvrage.

84. LES SPIRAUX cylindriques sont faits en acier ou en or; et l'expérience a prouvé qu'il est assez indifférent lequel on employe de ces deux métaux. L'or n'est pas sujet à la rouille comme l'acier, voilà pourquoi les spiraux en or sont souvent préférés dans les horloges marines. Malgré que l'or soit bien écroui et bien durci à la filière, il n'aura jamais autant d'élasticité que l'acier, et je préférerais, tout bien pesé, les spiraux en acier, même non trempé, à ceux en or.

Des pivots du balancier et de leurs trous.

85. PAR le §. 65 on voit que les trous en pierre diminuent le frottement; l'huile s'y conserve plus pure et le frottement devient très constant; donc il convient pour donner toute la régularité possible au balancier de faire rouler les pivots dans des trous en pierres dures, bien polis, tels que des rubis. Les bouts des pivots doivent également porter contre des pierres dures, soit rubis, soit diamans. Pour rendre le frottement du balancier très petit sans cependant affaiblir les pivots, on les fait très

souvent d'une forme conique, et leurs extrêmités roulent
dans des pierres percées coniquement.   On laisse ces pivots
d'une assez grande dureté pour qu'ils puissent mieux conserver leur poli.   Ces pivots coniques sont représentés en
a et *b* Fig. 16.   Fig. 17 indique la pierre percée, en-
chassée dans le petit cercle de laiton *a a*; *b b* est la pierre
même dont le trou est conique; la plaque *c c* s'applique
contre *a a*.   Dans la gravure on a séparé la plaque de
la pierre percée, mais appliquées dans la montre, la plaque pose contre la pierre percée.   Quelques fois on
fait usage de pierres qui ne sont pas percées à travers,
mais qui ont seulement un trou foncé pour le pivot, de
sorte que cette seule pierre tient lieu de trou percé et
de plaque.   Cette méthode n'est pas très générale par
la difficulté qu'on éprouve à bien polir le trou foncé;
je crois qu'on fera généralement mieux en employant les
pierres percées, puisqu'il est plus facile de se les procurer
bonnes *).

*) En Angleterre il est assez facile aux horlogers de se procurer
     des pierres percées, vu qu'il y a un assez grand nombre de

personnes qui s'occupent uniquement de ce métier. En France Mr. *Breguet* est le premier qui ait travaillé les pierres. Il les exécute avec toute la perfection possible; il a même vaincu la difficulté du travail des pierres foncées. Il en fait de toutes les formes, tels que des cylindres en pierre, palettes pour garnir les parties frottantes de l'échappement &c. &c.

CHAPITRE QUATRIEME.

De la force motrice.

ARTICLE PREMIER. *De la force motrice en gé-néral. Du ressort.*

86. Pour réparer la perte de mouvement du régulateur des horloges, causée par le frottement et la résistance de l'air, on communique au régulateur, par un train
de roues et de pignons d'une vîtesse croissante et par
l'échappement, l'effet réparatif d'un agent extérieur ou *force
motrice.* Cette force doit être assez grande pour vaincre
l'inertie des mobiles, les frottemens qu'éprouvent les différentes parties de l'horloge et pour entretenir la vîtesse de
mouvement qu'on exige du régulateur. Plus la résistance
de l'air contre celui-ci est diminuée, et plus le frottement des
différentes parties de l'horloge est modifié, moins on a besoin de force motrice pour entretenir le mouvement du régulateur. Ce n'est guère que par tâtonnement ou par
expérience, qu'on peut déterminer au plus juste la quantité

de la force motrice dans une horloge: il est difficile d'évaluer la quantité de frottement du rouage, de l'échappement
et du régulateur même, et l'enertie des mobiles, par conséquent fort peu possible d'évaluer par calcul la force qui
peut les vaincre.

87. La force motrice est produite ou par des
poids ou par des ressorts. Les poids sont employés dans
les horloges fixes; les ressorts dans celles exposées aux agitations. Les poids agissent sur le premier mobile de
l'horloge par une corde enveloppée autour d'un cylindre
combiné avec le premier mobile. L'effet du poids est
toujours le même; la force motrice produite par ce
moyen doit être envisagée comme la plus égale possible, et
les poids sont par là préférables aux ressorts, dans tous les
cas où il y a moyen d'en faire usage. Dans les horloges
portatives on ne peut employer que des ressorts, qui agissent ou immédiatement sur le rouage, ou par l'intermédiaire d'une *fusée* ou cone tronqué.

88. La Fig. 1 Pl. 3 représente le ressort en plan
et dans la Fig. 2 on le voit en perspective. La Fig. 3
représente le barillet qui contient le ressort, dont le bout

extérieur agit sur le crochet *a*, par un trou quarré, fait à cette partie du ressort. La Fig. 4 indique *l'arbre* du barillet, dont les pivots *a* et *b* peuvent tourner librement dans les trous *c*, *d* Fig. 3 du barillet, cependant sans balottement. Le crochet *a* agit sur le bout intérieur du ressort, en accrochant dans un trou quarré fait à cette partie du ressort. La Fig. 5 représente le barillet en profil, ainsi que l'arbre qui est planté entre les deux platines de la cage; *b* est un *rochet* ou une roue en acier à dents inclinées, et *a* un *cliquet* ou une *masse* qui résiste contre le côté non incliné des dents du rochet, et s'oppose à son mouvement rétrograde. Le cliquet est continuellement pressé contre le rochet par un ressort. Le cliquet, le rochet et le ressort se voïent rassemblés Fig. 6 et 7, qui réprésentent *l'encliquetage*. Le barillet porte des dents faites à sa circonférence, et celles-ci engrènent dans le premier pignon du rouage. En supposant les dents retenues par ce même pignon, on conçoit qu'on peut bander ou monter le ressort en tournant l'arbre du côté convenable, et le ressort s'enveloppera de toute sa longueur autour de ce même arbre; le ressort ainsi bandé tend par son élasticité à se remettre dans son état libre, et agit avec toute sa force sur l'arbre du barillet et sur le barillet même.   L'arbre retenu par l'encliquetage reste immobile, et toute la force du ressort agit alors sur le pignon qui engrène dans le barillet; ce pignon transplante la force du ressort aux autres mobiles, comme nous le verrons dans la suite, en traitant des engrenages et du rouage.

89. LE RESSORT bandé comme nous l'avons supposé dans le §. précédent agira jusqu'à ce qu'il ait tout à fait perdu toute sa tension.   Dans les horloges on ne fait pas agir tous les tours de bande du ressort, et on ne le monte pas tout au haut, car dans cet état trop forcé, il pourrait ou casser ou perdre de sa force ou de son élasticité.   On ne fait non plus agir les premiers tours de bande du ressort sur le rouage, puisque ceux-ci agissant avec trop peu de force, comparativement aux derniers tours de bande, rendraient par là l'action du ressort trop inégale.

90. EN SUPPOSANT l'épaisseur de la lame du ressort et le diamètre du barillet et de l'arbre tels, qu'on puisse bander le ressort de sept tours, il convient pour empêcher que celui-ci ne se rende ou ne casse, et pour lui donner assez d'égalité de force dans ses différents tours

d'action de ne le bander que de cinq tours, afin qu'il en
reste deux en repos; et de ces cinq tours on ne doit faire
agir que tout au plus deux et demi ou trois sur le rouage.
On parvient à cela par un méchanisme très simple, ainsi
qu'on le verra dans le §. suivant.

91. La Fig. 8 *A* représente le couvercle du barillet;
a est le quarré de l'arbre, lequel porte la pièce *b*; *e e* est
un cercle denté, ou roue en acier, tournant à frottement
moëlleux autour de *c c* dans une creusure faite au couvercle; *e e* étant fendu près de *g*, fait ressort autour de *c c*;
et cette partie étant plus étroite près du fond de la creusure
qu'en haut, retient toujours la pièce *e e* en place, et empêche la roue de se lever. La pièce *b* ainsi que la roue *e e*
rassemblées s'appellent l'arrêtage, et la Fig. 8 *B* le représente séparé du couvercle. Cet arrêtage est disposé de
manière qu'on puisse tourner le quarré de l'arbre, ou la
dent *d*, quatre et trois quart de tours avant que celle-ci
s'arrête, car par la première révolution à droite de la dent
d, la partie 1 de la roue avance d'une dent; par la seconde révolution on fait avancer la dent 2; par la troisième la dent 3; par la quatrième révolution, on avance la

dent 4, et avant que la cinquième révolution soit finie, la dent *d* s'arrête contre le bord extérieur de *e e*. S'il y avait une dent de moins dans *e e*, on ne pourrait tourner l'arbre que de $3\frac{3}{4}$ de tours, et s'il y en avait deux de moins, on ne pourrait le tourner que de $2\frac{3}{4}$ de tours; on peut ainsi augmenter ou diminuer le nombre de ces dents suivant le nombre de révolutions qu'on exige du barillet. A mesure que les dents du barillet se dégagent des aîles du pignon, le barillet fera ses révolutions et les mêmes effets auront lieu dans l'arrêtage par la rétrogradation, jusqu'à ce que la dent *d* vienne s'arrêter contre *h*. Pour que les deux tours les plus faibles du ressort ne puissent agir sur le rouage, on bande le ressort de deux tours, et puis on met la dent *d* dans la position qu'indique la Fig. 8 *B*, de sorte que *d* en appuyant contre le bord extérieur du cercle près de *h*, empêche le ressort de se débander.

92. PLUS le ressort fait de tours dans le barillet et plus il est long, moins il est à craindre qu'il perde de son élasticité ou qu'il se rende, puisqu'alors on peut laisser plus de tours en repos, malgré qu'il soit assez bandé. Par conséquent on doit chercher à faire le barillet d'un aussi

grand diamètre que possible.　En supposant la grandeur du barillet telle, que le ressort puisse donner 9 tours autour de l'arbre, et qu'en même temps deux révolutions de barillet soient suffisantes pour entretenir assez long temps la marche de l'horloge, on voit qu'on pourrait bander le ressort de 4 tours, et qu'avec les deux tours dont on le remonte pour la marche de l'horloge, il y aurait encore 3 tours en repos.　Par cette disposition le ressort agira en même temps avec une force assez égale.　Les plans de montres, qui seront donnés dans la suite de cet ouvrage, sont tels que les barillets ont assez de grandeur pour réunir ces avantages.　Les barillets dentés ou barillets tournans sont très utiles dans les montres destinées à l'usage ordinaire, et malgré que la force du ressort n'agisse pas rigoureusement avec toute l'égalité possible, l'expérience a assez prouvé, que cette petite inégalité de force ne produit aucune irrégularité de marche dans les horloges à échappement à repos ou échappement libre.　Encore y-a-t-il l'avantage que les horloges avec cette sorte de barillet marchent en remontant, car malgré qu'on monte le ressort par son bout intérieur, il agira néanmoins avec son bout extérieur sur le bord du barillet, qui ne cesse alors d'agir sur le rouage.

93. Quant au ressort il est indispensable qu'il soit fait d'un bon acier, et que la trempe en soit la plus égale possible; il convient que la lame en soit bien polie, pour adoucir le frottement qu'elle éprouve en s'enveloppant et en se développant autour d'elle-même. La largeur du ressort doit être très-égale, et les bords bien arrondis pour ne pas ronger le fond du barillet ou du couvercle, afin que le frottement contre ces deux parties devienne aussi égal et doux que possible. Il est encore utile de faire usage de ressorts assez larges, puisque ceux-ci sont moins sujets à se jeter dans le barillet ou, ce qui revient au même, qu'ils s'enveloppent et se développent mieux dans un même plan que les ressorts étroits, et frottent par là moins contre le fond du couvercle et du barillet. Les bouts intérieurs et extérieurs du ressort doivent être détrempés, afin qu'on puisse facilement y faire les trous quarrés par lesquels le ressort est accroché, et pour qu'il ne soit pas sujet à casser à ces endroits. Pour mieux fixer le bout extérieur du ressort dans le barillet, et pour empêcher qu'il ne fléchisse à,

cet endroit, on fait bien de se servir d'une *barette*, qu'on applique contre la spire extérieure du ressort à une distance du crochet d'environ la sixième partie de la circonférence du barillet. Cette barette presse le bout du ressort contre le bord du barillet et elle est fixée par deux pivots qui entrent et dans le couvercle et dans le fond du barillet. Pour adoucir le frottement des spires, on fait usage d'une quantité suffisante d'huile.

ARTICLE SECOND. *De la fusée.*

94. LA CONSTRUCTION d'une horloge peut être telle que par la nature de l'échappement, la plus grande égalité de force motrice devienne une condition essentielle pour rendre sa marche régulière. De même dans les horloges marines, où on cherche à éviter les moindres sources d'irrégularité, l'égalité dans la force motrice doit être établie scrupuleusement. Pour parvenir à rendre l'action du ressort sur le rouage égale dans tous ses tours de développement, on fait usage de la *fusée*, portant la première roue qui transplante la force du ressort au rouage. Cette fusée est en forme de cône tronqué, et le ressort y communique

son action par une chaine qui s'enveloppe et se développe dans une rainure spirale faite à la circonférence de cette fusée. Le ressort étant bandé agit sur la partie moins éloignée de l'axe de la fusée, ou sur un levier assez court, et à mesure que le ressort, en se développant, perd de sa bande ou de sa force, l'action de celui-ci se fait sur les parties progressivement moins éloignées de l'axe, ou sur des leviers plus longs, de sorte qu'on conçoit qu'en proportionnant la forme de la fusée, ou la longueur de ses leviers, à la force décroissante du ressort, on peut parvenir à rendre l'action du ressort tout-à-fait égale.

95. LA FIG. 9, représente en plan le barillet agissant sur la fusée par la chaine. *A* est le barillet; *B* la fusée; *C* la chaine enveloppée autour de la fusée dans la rainure spirale. La Fig. 10 représente en profil le barillet avec la chaine et la fusée plantée entre les platines. *b b* est le rochet du barillet, ajusté sur l'arbre, et *a* est le cliquet qui résiste au rochet. Cet encliquetage empêche le mouvement rétrograde de l'arbre, et sert en même temps à bander le ressort. L'axe de la fusée est terminé en quarré, ainsi qu'on le voit en *e*, et c'est par ce quarré qu'on

peut tourner la fusée ou remonter le ressort.   La chaine
agit sur le barillet par le crochet qu'on voit Fig. 14, qui
accroche à un trou fait à la circonférence du barillet, et
sur la fussée par le crochet représenté Fig. 16, qui tient
autour d'un goupille chassée dans une entaille faite au premier pas de la fusée.   En tournant la fusée de manière
que la chaine se développe du barillet, et s'enveloppe autour de celle-ci, ce barillet tournera, et l'arbre restant fixe,
le ressort se bandera (voyez Fig. 9).   La fusée enveloppée de la chaine dans toute la longueur de la rainure doit
s'arrêter, afin qu'on ne casse ou ne décroche pas la chaine
en trop tournant la fusée.   On voit un méchanisme simple pour arrêter la fusée Fig. 13; a est une pièce en acier
portant une dent; cette pièce est ajustée sur le quarré de
la fusée; la roue b peut tourner autour de la vis c; le ressort d presse continuellement contre la roue pour empêcher
qu'elle ne se dérange de sa place par un mouvement extérieur.   La roue doit être fendue en un nombre suffisant
de dents, pour que la fusée puisse faire autant de révolutions, qu'il y a de nombre de tours de chaine.   En tournant la fusée la pièce c fera avancer successivement les dents

de la roue, jusqu'à ce que *e* vienne s'arrêter contre le bord de la roue. Pour que le ressort ne se rende ou ne casse, il convient, ainsi que nous l'avons dit dans l'article précédent, qu'il puisse faire un assez grand nombre de tours, afin qu'on puisse en laisser au moins deux en repos. Par conséquent on doit chercher à rendre le diamètre du barillet grand, puisqu'alors celui-ci peut contenir un ressort plus long. Par là on rend la force du ressort plus égale et le sommet de la fusée sera d'un plus grand diamètre.

96. La fusée porte une roue qui engrène dans le premier pignon du rouage et qui communique ainsi la force du ressort aux mobiles, comme nous l'avons déjà dit. Cette roue fera autant de révolutions qu'il y a de tours de chaine à la fusée, et son mouvement sera toujours dans le même sens. La fusée étant au bas, ou développée de la chaine, doit être remontée malgré que la roue reste en repos. Pour cet effet on applique un encliquetage dans l'intérieur de la fusée, disposé de manière qu'on puisse remonter le ressort sans entrainer la roue, et qu'après la bande du ressort la roue suive le mouvement de la fusée. Le rochet de l'encliquetage est fixé dans une creusure faite à la

fusée, et le cliquet avec le ressort, qui le presse contre le rochet, sont fixés à la roue.   La Fig. 12 représente la fusée avec le rochet; |*b* est l'axe autour duquel la roue (Fig. 11) a un mouvement libre, sans jeu cependant; le ressort *c c c* presse contre le cliquet *b*, qui résiste contre les dents du rochet.   La roue est pressée très légèrement contre la fusée par une virole qu'on voit en *a*, Fig. 15, chassée à force sur la tige ou l'axe de la fusée jusqu'au fond de la noyure faite à la roue.

97. La forme de la fusée dépend du ressort, et ne peut être déterminée au plus juste d'avance; ce n'est guère que par tâtonnement qu'on réussit à rendre la forme de la fusée telle, que la force du ressort agisse avec la plus parfaite égalité sur le rouage.   Pendant qu'on remonte le ressort, celui-ci ne peut agir sur le rouage; pour remédier à cela, on fait usage d'un méchanisme qui, par le moyen d'une force auxiliaire, supplée à l'inaction du ressort.   Ce méchanisme sera décrit dans la suite de cet ouvrage.

CHAPITRE CINQUIEME.

Du rouage, et du calcul des roues et des pignons.

---

98. Le rouage communique par un train de roues et de pignons l'action de la force motrice sur le régulateur. La vîtesse des roues augmente à mesure qu'elles sont éloignées de la force motrice, et elles perdent en force en raison de leur vîtesse. La force de la dernière roue (ou de la roue d'échappement) doit être suffisante, pour réparer la perte de mouvement qu'éprouve le régulateur et par la résistance de l'air et par le frottement; par conséquent elle doit être proportionelle au nombre de révolutions de la dernière roue, et augmenter ou diminuer suivant le plus ou moins de vîtesse de celle-ci. En supposant la force requise de la dernière roue $= 1$, et le nombre de ses révolutions pendant une révolution de la première roue $= 4800$, alors la force motrice doit aussi être 4800 fois plus grande que celle de la dernière roue, suivant les

principes élémentaires de la méchanique; abstraction faite de l'influence du frottement des mobiles.

99. LA VITESSE augmente en combinant deux roues de différents diamètres, de manière que celle au grand diamètre conduise celle au petit diamètre appellée *pignon*. Ce pignon fera un nombre de révolutions d'autant plus grand relativement à celles de la roue, que le diamètre du pignon est moindre que celui de la roue. On voit qu'il est aisé d'augmenter à volonté la vîtesse d'un dernier mobile, en combinant plusieurs roues et pignons, de manière que la première roue conduise un pignon portant concentriquement une seconde roue, que celle-ci conduise encore un autre pignon portant une troisième roue, conduisant encore un pignon portant une quatrième roue &c. &c. Cet assemblage de roues et de pignons s'appelle le *rouage*, et c'est par l'application de celui-ci que la force motrice peut agir assez long temps, et même dans un temps donné sur le régulateur, avant qu'on soit obligé de la renouveller, ou comme on dit ordinairement de la remonter. Le rouage porte encore les aiguilles qui indiquent le temps écoulé.

100. La Pl. 4 Fig. 1 indique un assemblage de roues et de pignons. *A*, *B*, *C*, *D* sont les roues et *p*, *q*, *r* les pignons conduits par les roues. Dans les machines ces roues s'engrènent par des dents faites à leur circonférence. Le nombre de ces dents doit être en raison des diamètres. La vîtesse de la roue *D* sera à celle de *A*, comme le produit des diamètres, (ou des rayons) des roues est au produit des diamètres (ou des rayons) des pignons; en exprimant la vîtesse de *D* par *V*, et celle de *A* par *v*, nous aurons la proportion suivante:

$$ab \times pe \times qg : pd \times qf \times rh :: V : v.$$

101. Le nombre *des dents de deux roues qui s'engrènent doit être en raison de leurs diamètres.*

Exemple. Supposons le diamètre d'une roue de 30‴ et celui du pignon (ou de la petite roue) de 3‴; le nombre des dents de la roue de 120, combien de dents doit avoir le pignon? et on dira:

Le diamètre de la roue 30‴: diamètre du pignon 3‴ :: 120 : *x*

$$x = \frac{120 \times 3}{30} = 12;$$ on trouve 12 dents ou aîles.

Le nombre des dents étant toujours en raison des diamètres, on voit qu'on peut exprimer la grandeur de

ceux-ci par le nombre des dents même, et par conséquent
en faire usage dans le calcul des révolutions des roues.
Le nombre des dents d'une roue étant donné, ainsi que le
diamètre de celle-ci et le nombre d'aîles du pignon, on
peut trouver le diamètre de celui-ci par le calcul; mais
dans la pratique on trouve avec facilité la grosseur des pignons, ou leur diamètre, en suivant les règles pratiques exposées dans le chapître suivant.

102. Voïci quelques problêmes relatifs aux révolutions des roues:

PROBLEME. *Trouver le nombre des révolutions de la
dernière roue d'un rouage de 5 roues et 4 pignons, dont la première roue est nombrée de 100 dents, la seconde de 80, la troisième de 60 et la quatrième de 50.* (La cinquième ne formant aucun engrenage n'entre point dans le calcul.) *Le
premier pignon porte 20 aîles, le second 16, le troisième 10 et
le quatrième 8 aîles.*

Ire METHODE. Nous savons par le §. 100, que
le produit des diamètres des roues, est au produit des diamètres des pignons, comme la vîtesse de la dernière roue
est à la vîtesse de la première, laquelle vîtesse nous expri-

merons par 1, et par conséquent la vîtesse de la dernière roue

$$V = \frac{\text{produit du nombre des dents des roues} \times 1}{\text{le produit du nombre des aîles des pignons}},$$

$$V = \frac{100 \times 80 \times 60 \times 50 \times 1}{20 \times 16 \times 10 \times 8}; \text{ et}$$

$$V = \frac{24000000 \times 1}{25600} = 937\frac{1}{2}.$$

La vîtesse de la dernière roue, ou ce qui revient au même le nombre de ses révolutions pendant que la première roue en fait une, est de $937\frac{1}{2}$. En divisant le nombre des dents de chaque roue par le nombre d'aîles du pignon engrenant dans la roue, et en multipliant tous ces quotients entr'eux et puis avec v ou la vîtesse de la première roue, que nous exprimerons par 1, on parvient au même résultat. Appelons le nombre de dents de la première roue A, celui de la seconde roue B, de la troisième C, de la quatrième D; le nombre d'aîles du premier pignon a, du second b, du troisième c, et du quatrième d, la vîtesse de

2de MÉTHODE.

$$V = \frac{A}{a} \times \frac{B}{b} \times \frac{C}{c} \times \frac{D}{d} \times h, \text{ et}$$

$$V = \frac{100}{20} \times \frac{80}{16} \times \frac{60}{10} \times \frac{50}{8} \times 1, \text{ c'est à dire:}$$

$$V = 5 \times 5 \times 6 \times 6\frac{1}{4} \times 1 = 937\frac{1}{2}.$$

103 PROBLEME. TROUVER *le nombre des révolu-
tions de la dernière roue d'un rouage où les pignons conduisent
les roues.*

Ire MÉTHODE. Les pignons conduisant les roues,
la vîtesse de la dernière roue sera à la vîtesse du premier
pignon, comme le produit des diamètres des roues est en raison inverse au produit des diamètres des pignons, ou ce
qui revient au même comme le produit des aîles des pignons est au produit des dents des roues; en exprimant la
vîtesse de la dernière roue par v, et celle du premier pignon par V alors:

$$v = \frac{\text{au produit des aîles}}{\text{produit des dents des roues}} \times V.$$

(Voyez Fig. 1 Pl. 4) Supposons A de 60 dents,
B de 48 et C de 42. (D n'entre pas dans le calcul, ne
formant aucun engrenage.) Et supposons p de 12 aîles,
q de 8 et r de 7, et le nombre des révolutions de r de
2700 dans un temps donné, alors les révolutions de A, dans
ce même temps, sera:

$$\frac{12}{60} \times \frac{8}{48} \times \frac{7}{42} \times 2700 = 15.$$

Donc la vîtesse de r est à celle de A, comme 2700 : 15, c'est à dire la vîtesse de r est $\frac{2700}{15}$ ou 180 plus grande que celle de A.

2de MÉTHODE. Pour éviter la multiplication des dents entr'elles, et celle des aîles des pignons, on n'a qu'à diviser le nombre d'aîles de chaque pignon par le nombre de dents de la roue conduite par le pignon, multiplier ces quotients (ou fractions) entr'eux, puis multiplier ce produit par le nombre qui exprime les révolutions du premier pignon, et on parviendra au même résultat:

$$v = \frac{r}{C} \times \frac{q}{B} \times \frac{P}{A} \times V, \text{ c'est à dire:}$$

$$v = \frac{7}{42} \times \frac{8}{48} \times \frac{12}{60} \times 2700, \text{ ou}$$

$$v = \frac{1}{6} \times \frac{1}{6} \times \frac{1}{5} \times 2700 = \frac{1}{180} \times 2700 = 15.$$

Les deux problèmes suivans sont applicables au calcul des mobiles des horloges.

104. TROUVER *le nombre des dents de la dernière roue* (la roue d'échappement), *pour que le balancier fasse* 16800 *vibrations par heure (ou pendant que la roue des minutes fait une révolution), le nombre des dents des autres roues et des aîles des pignons étant donné.*

13

REMARQUE. Le balancier fait deux vibrations pour une dent de la roue d'échappement, et si la roue avait par exemple 20 dents, le balancier ferait 40 vibrations pendant une révolution de cette roue.

SOLUTION. On calcule d'abord le nombre des révolutions de la roue d'échappement pendant une révolution de la roue des minutes. Après on divise le nombre de révolutions trouvé par la moitié du nombre des vibrations, et on aura le nombre de dents que doit avoir la roue d'échappement. (Voyez Fig. 2 Pl. 4) supposons le nombre des dents et des aîles comme suit:

B la roue des minutes . . . . 80.

C la petite moyenne . . . . 60.

D la roue de champ . . . . 56.

a, le pignon du centre n'entre pas dans le calcul comme on le sent aisément.

b pignon de petite moyenne . . . . . . 8.

c —— de champ . . . . 8.

d —— de roue d'échappement . . 7.

alors on trouve suivant §. 100 et 102 le nombre des révolutions de $E = 600$.   La moitié des vibrations est
$\frac{16800}{2} = 8400$, qui divisés par $600 = \frac{8400}{600} = 14$; qui est
le nombre demandé.

105.   TROUVER *les heures de marche d'une horloge,
et le nombre des dents du barillet, ou de la roue de fusée; ainsi
que du pignon de centre, pour que l'horloge marche dans un temps
donné.*

(Voyez Fig. 2 Pl. 4) A est le barillet qui engrène
dans le pignon du centre a, qui fait une révolution par
heure.   Supposons le nombre des dents du barillet de 96,
et celui des aîles du pignon de 8, et que le barillet puisse
faire 3 tours avant que l'action du ressort soit suspendue par
l'arrêtage, alors il est clair que le barillet fait une révolution
dans 12 heures, car le nombre de ces dents, divisé par les
aîles du pignon, (qui fait une révolution par heure) est
égal à $\frac{96}{8} = 12$.   Ces 12 heures multipliées par les 3
révolutions, que peut faire le barillet nous donnent 12×3
$= 36$, qui sont les heures de marche de l'horloge.

On peut de même déterminer le nombre de dents
que doit avoir le barillet et celui des aîles du pignon, pour

que l'horloge marche dans un temps donné. D'abord il faut fixer le nombre de révolutions du barillet. Suppo-sons celles-ci de 3; puis, mettons le temps de marche de l'horloge à 30 heures, alors on voit que le barillet doit faire une révolution dans 10 heures, et qu'il doit par con-séquent avoir un nombre de dents dix fois plus grand que celui du pignon du centre. En mettant les aîles du pignon à 8, le nombre des dents du barillet sera de $8 \times 10 = 80$.

Pour qu'une horloge aille 8 jours sans être remontée, on fait usage d'une roue et d'un pignon intermédiaires entre le barillet et le pignon du centre. Supposons le barillet de 96 dents; le premier pignon ou l'intermédiaire de 12 aîles; la roue intermédiaire de 80 dents et le pignon du centre de 10 aîles, alors on voit que la roue intermédiaire ne fait qu'une révolution dans 8 heures, et par conséquent, que le barillet ne peut faire qu'une révolution pendant $\frac{96}{12} \times 8$ ou 64 heures; de sorte qu'avec trois révolutions et un tiers de barillet, l'horloge marche passé huit jours. On peut de même par l'intermédiaire de plusieurs roues dis-

poser l'horloge de manière qu'elle puisse marcher un mois,
six mois et même une année, sans être remontée.

REMARQUE. Quand le ressort agit sur une fusée,
celle-ci porte la première roue, ainsi que nous l'avons vu
dans le Chapitre précédent. Dans ce cas, on fait entrer
dans le calcul le nombre des pas de la fusée, en place des
révolutions du barillet, comme ci-dessus.

106. Nous venons de voir comment on fait le calcul des révolutions des mobiles, le nombre des dents et des
aîles étant donné; il nous reste à connaître les moyens
qu'on emploie pour trouver le nombre de dents convenable aux mobiles pour qu'ils produisent un nombre de révolutions donné, et voici comment on y parvient.

Dans un rouage, on peut employer plus ou moins
de mobiles, suivant le plus ou moins de grandeur qu'on
veut donner aux roues; mais supposons à présent le nombre des mobiles donné, alors on commence par déterminer
le nombre d'aîles que doivent avoir les pignons, et on mul-
tiplie les nombres d'aîles entr'eux; leur produit doit encore
être multiplié par le nombre requis de révolutions. Après
on divise successivement ce produit total par les *nombres*

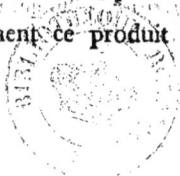

premiers[*]), suivant leur ordre, jusqu'à ce qu'on ait pour quotient l'unité ou un; et cela de la manière suivante: Premièrement on divise le produit total par 2, (s'il est possible) et on continue à diviser les quotiens tant qu'ils sont divisibles par 2. Si on ne peut plus diviser par 2, on divise par le nombre premier 3 (si le quotient est divisible par celui-ci), et on continue tant que les quotients sont divisibles par ce nombre. Quand on ne peut plus diviser par 3, on essaye de diviser par 5 &c. &c., jusqu'à ce qu'on ait l'unité pour quotient. Ensuite on fait autant de lots de ces nombres premiers, qu'il y a de roues dans le rouage, et le produit de ces nombres premiers de chaque lot, donne la quantité de dents que doit avoir chaque roue.

107. LES EXEMPLES suivans rendront le procédé plus intelligible:

EXEMPLE I. *Trouver le nombre de dents des roues dans un rouage de 3 roues et de 3 pignons, pour que la dernière roue fasse 200 révolutions, pendant que la première en fait une?*

---

[*] On entend par *nombre premier*, celui qui n'a que l'unité ou le nombre même pour diviseur.

Suivant la règle ci-dessus donnée, on doit d'abord déterminer le nombre d'aîles des pignons; choisissons les nombres suivans :

Le premier pignon de 12 aîles, le second de 10 et le troisième de 8. A présent en multipliant ces nombres entr'eux et puis par les révolutions données, on aura $12 \times 10 \times 8 \times 200 = 192000$; après on trouve les diviseurs, ou les nombres premiers divisibles dans ce produit de la manière suivante :

	Nombres premiers.		Quotients.
192000	$=$ 2	$=$	96000.
	2	$=$	48000.
	2	$=$	24000.
	2	$=$	12000.
	2	$=$	6000.
	2	$=$	3000.
	2	$=$	1500.
	2	$=$	750.
	2	$=$	375.
	3	$=$	125.
	5	$=$	25.
	5	$=$	5.
	5	$=$	1.

On fait alors des lots convenables des nombres premiers; on pourra les partager de la manière suivante:

$$5 \times 5 \times 3 \times 2 = 150; \; 5 \times 2 \times 2 \times 2 = 40;$$
$$2 \times 2 \times 2 \times 2 \times 2 = 32.$$

Ces nombres 150, 40, 32, seront applicables aux roues pour que la dernière roue fasse 200 révolutions, ainsi qu'on peut s'en convaincre suivant la méthode du §. 102, car:

$$150 \; : \; 12 \; = \; 12\tfrac{1}{2}.$$
$$40 \; : \; 10 \; = \; 4.$$
$$32 \; : \; 8 \; = \; 4.$$
$$\text{et}$$
$$12\tfrac{1}{2} \times 4 \times 4 = 200.$$

REMARQUE. Si ces nombres n'étaient pas convenables aux roues, et que les dents devinssent ou trop fines ou trop grosses, suivant la différente grandeur des roues, on pourrait partager différemment ces nombres premiers, comme suit: $5 \times 2 \times 2 \times 2 \times 2 = 80; \; 5 \times 3 \times 2 \times 2 = 60;$ $5 \times 2 \times 2 \times 2 = 40.$

Ces nombres 80, 60, 40, seront également convenables aux révolutions données, et la preuve en est que

$$80 \; : \; 12 \; = \; 6\tfrac{2}{3}.$$
$$60 \; : \; 10 \; = \; 6.$$
$$40 \; : \; 8 \; = \; 5.$$

et

$$6\tfrac{2}{3} \times 6 \times 5 = 200.$$

108. EXEMPLE. 2. TROUVER *le nombre de dents dans un rouage de 5 roues, où le dernier pignon doit faire 4400 révolutions?*

Supposons les pignons de 10, 8, 8, 6, 6.

Leur produit sera $10 \times 8 \times 8 \times 6 \times 6 = 23040.$

En multipliant ces nombres par les révolutions données, on aura $23040 \times 4400 = 101376000$, cherchons maintenant les nombres premiers:

	Nombres premiers.		Quotients.
101376000	: 2	=	50688000.
	2	=	25344000.
	2	=	12672000.
	2	=	6336000.
	2	=	3168000.
	2	=	1584000.
	2	=	792000.

14

Nombres premiers.		Quotients.
Transp.;		792000.
2	=	396000.
2	=	198000.
2	=	99000.
2	=	49500.
2	=	24750.
2	=	12375.
3	=	4125.
3	=	1375.
5	=	275.
5	=	55.
5	=	11.
11	=	1.

De ces nombres premiers on peut faire les 5 lots suivans:

$$5 \times 5 \times 2 = 50; \quad 5 \times 3 \times 3 = 45; \quad 11 \times 2 \times 2 = 44;$$

$$2 \times 2 \times 2 \times 2 \times 2 = 32; \quad 2 \times 2 \times 2 \times 2 \times 2 = 32.$$

Ces nombres 50, 45, 44, 32, 32 donnent les révolutions requises, car suivant le §. 102:

$$50 : 10 = 5.$$
$$45 : 8 = 5\tfrac{5}{8}.$$
$$44 : 8 = 5\tfrac{1}{2}.$$
$$32 : 6 = 5\tfrac{1}{3}.$$
$$32 : 6 = 5\tfrac{1}{3}.$$

En multipliant ces quotients, on trouvera les révolutions et

$$5 \times 5\tfrac{5}{8} \times 5\tfrac{1}{2} \times 5\tfrac{1}{3} \times 5\tfrac{1}{3} = 4400.$$

On pourra encore faire les lots suivans de ces nombres premiers:

$$11 \times 3 \times 2 = 66; \ 5 \times 5 \times 2 = 50;$$
$$5 \times 2 \times 2 \times 2 = 40; \ 2 \times 2 \times 2 \times 2 \times 2 = 32;$$
$$3 \times 2 \times 2 \times 2 = 24.$$

Ces nombres produisent aussi les révolutions requises, car

$$66 : 10 = 6\tfrac{3}{5}.$$
$$50 : 8 = 6\tfrac{1}{4}.$$
$$40 : 8 = 5.$$
$$32 : 6 = 5\tfrac{1}{3}.$$
$$24 : 6 = 4.$$

et

$$6\tfrac{1}{5} \times 6\tfrac{3}{4} \times 5 \times 5\tfrac{1}{3} \times 4 = 4400.$$

Voilà donc la méthode générale pour trouver le nombre de dents dans un rouage quelconque; voici quelques exemples applicables aux horloges en particulier.

109. EXEMPLE 3. TROUVER *le nombre de dents des roues dans une horloge, quand le balancier doit faire* 16800 *vibrations par heure, ou dans le temps que la roue des minutes fait une révolution, le nombre des dents de la roue d'échappement étant de* 14.

Pour une révolution de la roue d'échappement, le balancier fera 28 vibrations, et pendant 16800 vibrations, elle fera $\frac{16800}{28}$ ou 600 révolutions. Il s'agit donc de trouver le nombre des dents d'un rouage composé de 3 roues, où le dernier pignon fait 600 révolutions pendant que la première roue en fait une.

En employant 3 pignons de 8, en trouvera suivant les règles ci-dessus indiquées les nombres premiers: 2, 2, 2, 2, 2, 2, 2, 2, 2, 2, 2, 2, 3, 5, 5. Ceux-ci peuvent être partagés dans les lots suivans: $5 \times 2 \times 2 \times 2 \times 2 = 80$; $2 \times 2 \times 2 \times 2 \times 2 \times 2 = 64$; $5 \times 3 \times 2 \times 2 = 60$; nombres très applicables dans le rouage d'une horloge.

110. TROUVER *le nombre de dents dans un rouage où la roue de champ fait une révolution par minute, et où le balancier fait* 14400 *vibrations par heure ou pendant une révolution de la roue de minute?*

La roue de champ faisant une révolution par minute, sa vîtesse sera naturellement 60 fois plus grande que celle de la roue des minutes, car celle-ci ne fait qu'une révolution en 60 minutes; par conséquent le balancier fera $\frac{14400}{60}$ = 240 vibrations par minute.   Si la roue d'échappement a 16 dents, elle fera une révolution pendant 32 vibrations et $\frac{14400}{32}$ ou 450 révolutions dans une heure, ou pendant que la roue des minutes en fait une.   La roue d'échappement faisant 450 révolutions par heure, en fera $\frac{450}{60}$ par minute, ou dans le même temps que la roue de champ fait une révolution; donc il faut calculer premièrement: le nombre de dents de la roue de champ, pour que le balancier puisse faire 240 vibrations pendant qu'elle fait une révolution, ou pour que la roue d'échappement puisse faire $\frac{450}{60}$ ou 7½ révolutions pendant une minute; secondement il faut trouver le nombre de dents de la roue des minutes et de la petite moyenne, pour que le pignon de la roue de champ fasse 60 révolutions pendant que la roue des minutes en fait une.

La roue d'échappement faisant $7\frac{1}{2}$ révolutions pendant une révolution de la roue de champ, il est évident que celle-ci doit avoir un nombre de dents sept fois et demi plus grand que le nombre d'ailes du pignon de la roue d'échappement, et en employant un pignon de 8, les dents de la roue de champ doivent être du nombre de

$$8 \times 7\frac{1}{2} = 60.$$

Pour trouver le nombre des dents des deux autres roues, on détermine d'abord le nombre d'ailes des pignons, que nous mettrons à 12 et 10; et on trouvera 100 et 72. Si les pignons étaient de 8, on trouvera 64 et 60. Voici les preuves:

$$100 : 12 = 8\frac{1}{3}.$$
$$72 : 10 = 7\frac{1}{7}.$$
$$\text{et } 8\frac{1}{3} \times 7\frac{1}{7} = 60.$$
$$64 : 8 = 8.$$
$$60 : 8 = 7\frac{1}{2}.$$
$$\text{et } 8 \times 7\frac{1}{2} = 60.$$

111. LE CALCUL des révolutions des planètes devient infiniment plus difficile; mais comme ces applications aux horloges n'ont rien de commun avec ce qu'annonce le titre de cet ouvrage; il n'en sera pas question ici*).

*) Mr. *Antide Janvier* méchanicien profond et célèbre artiste de Paris, a composé une horloge à Sphère mouvante et à Planisphère, qui surpasse tout ce qui a été imaginé en France et en Angleterre dans ce genre, et par un calcul pénible et ingénieux, il est parvenu à rendre le mouvement des corps célestes qu'elle représente aussi exact que possible.

CHAPITRE SIXIEME.

Des courbes des dents; des engrenages, et du frottement des pivots du rouage.

ARTICLE PREMIER. *Des engrenages et de la grosseur des pignons.*

112. LES ENGRENAGES des mobiles d'une horloge exigent la plus rigoureuse exactitude; par des engrenages vicieux, la force motrice n'agira pas uniformément sur le régulateur et l'horloge variera; de plus les différentes parties de l'horloge se détruiront à pure perte, parcequ'une horloge, dont les mobiles ne forment pas de bons engrenages, exige une force motrice assez considérable pour vaincre l'influence nuisible des frottemens et de la perte de force causée par le vice des engrenages.

113. LES ENGRENAGES peuvent être vicieux ou par le diamètre (ou la grosseur) des pignons relativement aux diamètres des roues, ou par le trop ou trop peu de pénétration des dents des roues dans les aîles des pignons,

ou par la forme des dents des roues et des aîles du pignon, qui devrait être telle que la menée se fît le plus uniformément possible.

1°. Si le diamètre des pignons n'était pas dans un juste rapport à celui des roues, les dents et les aîles s'arcbouteraient, ou il y aurait de la chûte dans l'engrenage, et dans les deux cas, de la force perdue et de l'inégalité dans l'engrenage.

2°. Si l'engrenage avait trop ou trop peu de pénétration, il en résulterait de la chûte, ou des accottemens; il y aurait encore de la force perdue et de l'inégalité dans l'engrenage.

3°. Si les dents et les aîles n'avaient pas une forme convenable, la menée ne se ferait pas uniformément et le régulateur recevrait des impulsions irrégulières.

114. On voit donc combien il est essentiel de bien proportionner le rayon des pignons à celui des roues, de bien fixer le point de pénétration de ces mobiles, et combien il importe de bien connaître la forme qu'il convient de donner aux dents et aux aîles, pour rendre l'engrenage aussi uniforme et doux que possible.

15

De la grosseur des pignons.

115. LE DIAMETRE ou le rayon d'un pignon est au diamètre ou au rayon de la roue, comme le nombre des aîles du pignon est au nombre des dents de la roue*). Donc si une roue de 50 dents, et de 20′″ de diamètre, engrène dans un pignon de 10 aîles, le diamètre du pignon doit être de 4′″, car

$$50 : 10 :: 20 : \frac{20 \times 10}{50} = 4.$$

Cependant la grosseur des pignons varie un peu suivant le nombre des dents des roues, comme on le sentira par la suite; dans la pratique on a des moyens faciles pour déterminer ces grosseurs, et c'est surtout par le moyen du *compas de proportion de* Mr. PREUD'HOMME qu'on obtient l'exactitude requise. Cet instrument ingénieux et utile procure les plus grands avantages aux ouvriers; les *Considérations pratiques sur les engrenages* de Mr. PREUD'HOMME, publiées à *Genève*, indiquent suffisamment l'usage de cet instrument, qui devrait être entre les mains de tous les Artistes et ouvriers en horlogerie, ainsi que son Mémoire, qui indi-

---

*) Ici il est question du *rayon primitif* comme on le verra dans la suite.

que une manière sûre et ingénieuse de se convaincre de la perfection d'un engrenage.

Voici les règles qu'on suit ordinairement dans la pratique, pour déterminer la grosseur des pignons :

Un pignon de 16 aîles doit avoir un diamètre égal à l'ouverture d'un calibre de pignon, qui comprend 6 dents pleines, à compter du flanc extérieur des dents de la roue.

Un pignon de 15 . . doit avoir un diamètre d'un peu moins que 6 dents pleines ou d'un peu plus que 5 dents et la pointe comprise de la sixième.

Un pignon de 14 . . de 6 dents sur les pointes.

Un pignon de 12 . . de 4 dents et la pointe de la cinquième, ou ce qui revient au même de $4\frac{1}{2}$ dents; pour les pendules, on donnera une ouverture au calibre de 5 dents pleines.

Un pignon de 10 . . 4 dents pleines.

Un pignon de 8 aîles, 4 dents sur les pointes, moins le
quart du vuide d'une dent; pour les
pendules 4 dents sur les pointes.

Un pignon de 7 . . à peine 3 dents pleines; pour les
pendules 3 dents pleines et le quart
du vuide d'une dent.

Un pignon de 6 . . 3 dents sur les pointes; pour les
pendules 3 dents pleines.

Quand les pignons mènent les roues, ils doivent
avoir un diamètre un peu plus grand.

ARTICLE SECOND.   *De la forme des dents.*

116.   AFIN de mieux faire connaître la forme la
plus avantageuse à donner aux dents, il est nécessaire d'exposer ici les propriétés de la *Cycloïde* et de *l'Epicycloïde*. La
Cycloïde est une ligne courbe, décrite par un point de la
circonférence d'un cercle roulant sur une ligne droite ou sur
un plan. Voyez Pl. 4, Fig. 3. Le cercle *A* roulant sur
B D, le point *E*, pris à la circonférence du cercle, décrira
la ligne courbe ou la *Cycloïde B E D*. La longueur de
B D est égale à la circonférence du cercle *A*. *L'Epicycloïde*

est décrite par un cercle roulant sur une partie de la circonférence d'un autre cercle, voyez Fig. 4. Le cercle *A* roulant sur *C M D*, le point *E* décrira l'Epicycloïde *C E D*. Si *A* roulait intérieurement dans la ligne circulaire, un point pris à sa circonférence décrirait encore une Epicycloïde, telle que *G E H*. La même ligne courbe serait décrite si *A* avait un diamètre égal à la distance de *E* jusqu'à *P*, au lieu du diamètre *E T*.

117. Si le diamètre du cercle générateur *A*, Fig. 4, était la moitié du diamètre du grand cercle, tel que *K N*, et que celui-ci roulât intérieurement dans ce même grand cercle, alors les différens points de la circonférence de *K O N* se trouveraient successivement dans le centre du grand cercle, et le point *K*, pris à la circonférence de *K O N*, décrirait la ligne *F K I*, tandis que *K O N* ferait une révolution intérieurement dans le grand cercle. (Il est aisé de se convaincre de cette vérité, en coupant dans un carton, un cercle de la grandeur de *F N I C*, et en faisant rouler dans ce cercle un autre cercle en carton de la grandeur de *K O N*, car alors on verra qu'un point tel que *K*, pris à la circonférence de *K O N*, parcourra le diamètre du

grand cercle.)   On peut prouver mathématiquement que cela est vrai, de cette manière.   Le diamètre du petit cercle ou de KN, étant la móitié de celui du grand cercle, la moitié de la circonférence de KON doit être égale au quart de la circonférence du grand cercle TP, ou égale à NI; par conséquent le point décrivant K se trouvera en I, quand le demi-cercle KON aura roulé intérieurement en NI.   Le point K se trouverait en F, si le mouvement du cercle KN était le long de NF, et le point N se trouverait dans les deux cas en K.   A présent si le quart du cercle KON roulait le long de la huitième partie du grand cercle, le point O se trouverait en P, et le point K en R, car KO est égal à RP, puisque KO est la corde qui repond à 90° dans KON, et RP la moitié de la corde qui répond à 90° dans un cercle double de KON. On pourra ainsi le prouver pour tous les points en FI.

118. On voit en Fig. 4 que CMD est égal à la circonférence du cercle générateur A, et comme nous l'avons dit, pendant le mouvement de A sur CMD, le point E décrit l'Epicycloïde CED.   Cette même Epicycloïde serait décrite par le point E, si A tournait librement autour

de son centre qu'on suppose fixe, et si le cercle $CIPF$
tournait autour de son centre, avec le papier sur lequel ce
cercle est décrit.   De même si le cercle KON tournait
librement autour de son centre, pendant que $CIPF$ tournerait autour du sien avec le papier sur lequel ce cercle est
décrit, alors le point K décrirait la ligne FI.

119. UNE PROPRIETE bien remarquable de la Cycloïde et de l'Epicycloïde est, que la ligne qu'on peut tirer
du point de contact au point décrivant, est toujours perpendiculaire à la ligne courbe.   La Fig. 5 représente une
cycloïde décrite par le cercle générateur $AKDE$.   Le point
décrivant E, ainsi que le point d'attouchement A, varient
à chaque instant pendant le mouvement du cercle sur la
droite; mais en supposant le point A invariable pour un
moment, de manière que le cercle $AKDE$ puisse tourner
un peu autour de ce point, alors le point E décrira la petite portion de cercle Ee que nous supposerons infiniment
petit, car alors la Cycloïde et le cercle se confondront à
cet endroit, et on pourra envisager la partie Ee de la Cycloïde comme une infiniment petite partie du cercle HEG.
EA est perpendiculaire au cercle, en étant le rayon; mais

comme la Cycloïde et le cercle ne font qu'une même ligne courbe en *E e*, il est évident que *E A* est de même perpendiculaire à la Cycloïde.   On pourrait prouver ceci pour tous les points de la Cycloïde, et de même pour l'Epicycloïde.

120. LE CERCLE *K U*, Pl. 5 Fig. 1, représente une roue sans dents, et le petit cercle *N* un pignon sans aîles, qu'on suppose mené par la roue, seulement par l'attouchement de ces mobiles.   On voit facilement que la roue agira dans cet engrenage supposé avec toute la force possible, puisqu'elle agit sur le plus grand rayon possible du pignon, et parcequ'elle agit avec une force perpendiculaire au rayon.   De plus cet engrenage occasionnerait le moins de frottement possible, car l'engrenage ne se ferait que par l'attouchement de deux points, et dans une même direction.

121. PAR conséquent si l'on pouvait former les dents et les aîles tellement, que les roues agissent toujours avec une force proportionnellement égale sur les pignons, et dans une direction toujours perpendiculaire au rayon du pignon, on produirait un engrenage aussi parfait que possible.   Examinons pour cet effet la nature de l'en-

grenage des dents dans les aîles; supposons que le rayon PT soit une aîle du pignon, que la ligne RMS, qui passe par le point d'attouchement M, soit perpendiculaire à PT, et que la ligne SC soit perpendiculaire à RMS; alors il est aisé à prouver, que le pignon mené en PT dans le point R par RC, sera conduit avec une force égale à celle que nous avons supposée en §. 120.

122. Si le poids Z qu'on suppose en équilibre avec T au lieu d'agir sur le levier CM, agissait sur un levier de la moitié de CM, comme CV, alors il est évident que la puissance de Z augmenterait du double, suivant les principes de la Statique; mais si le levier PX n'était que la moitié de PM, alors il est de même clair que la puissance en X devrait être le double de celle en M pour être en équilibre avec le poids T; par conséquent si le rayon CV communiquait sa puissance au rayon PX, T et Z seraient encore en équilibre. Ceci arrivera encore si le quart ou la huitième partie de CM, agissait sur le quart ou la huitième partie de PM, et dans tous les cas où le point V est éloigné de C dans le même rapport que X est éloigné de P.

16

123. Dans le cas où la roue agit sur le levier PR, et la ligne SMR est supposée perpendiculaire à PR, la puissance de la roue agissant dans la direction de SMR, peut être représentée par la ligne CS; par conséquent, puisque CS est à PR, comme CM est à PM (CSM et PRM étant des triangles semblables), alors l'effet de SC sur PR devient égal à l'effet de CM sur MP.

124. Nous voyons donc par le §. précédent, que nous pouvons tirer la conclusion suivante: Que la roue communique au pignon une force toujours égale à celle que nous avons supposée §. 120, quand la ligne qui passe par le point d'attouchement M des deux circonférences, est perpendiculaire au rayon de la roue et du pignon, ou perpendiculaire à la dent et à l'aîle du pignon.

125. Supposons les aîles d'un pignon de la forme de $ABDF$, Fig. 2 Pl. 5, et voyons quelle sera la forme qui conviendrait alors aux dents de la roue CM, pour qu'elle pût conduire le pignon avec une force toujours égale, conformément au principe du §. 123.   Suivant le §. 118 nous savons que quand un cercle tel que CM, conduit un cercle d'un plus petit diamètre tel que $ABFD$, un

point comme D décrira une Epicycloïde sur le plan du grand cercle. Cette Epicycloïde est représentée en CDE, et en faisant les dents de la roue de cette forme, le pignon sera toujours mené avec une force égale, suivant §. 119 qui nous démontre que la ligne DM est perpendiculaire à l'aîle du pignon.

126. Si l'aîle du pignon était un plan dirigé vers le centre du pignon tel que CD, Fig. 3 Pl. 5, voyons alors quelle serait la courbure qui conviendrait aux dents de la roue pour que l'engrenage se fît dans les principes. Décrivons d'abord le cercle $MDdC$, dont le rayon n'est que la moitié du rayon primitif du pignon, de sorte que la roue primitive HM conduise à la fois et le pignon primitif et celui $MDdC$, dont le premier tourne autour de son centre C et l'autre autour de O. Par le mouvement de $MDdC$ le point D décrira l'Epicycloïde HDO sur le plan de la roue, et il décrira en même temps la ligne droite DC sur le plan du pignon, suivant le §. 117. Nous savons par la géométrie que dans un triangle ayant son sommet à la circonférence et le diamètre pour base, l'angle opposé au diamètre est droit: par conséquent DM est perpendiculaire à CD. DM est encore perpendiculaire à l'Epi-

cycloïde suivant le §. 119, donc la ligne qu'on peut tirer du point de contact des deux cercles au point décrivant, ou ce qui revient au même, au rayon ou à l'aîle du pignon, est perpendiculaire sur celui-ci, condition requise suivant le §. 120 et 121.   Par conséquent: *Quand l'aîle du pignon est un plan dirigé vers le centre de celui-ci, la dent de la roue doit avoir la forme d'une Epicycloïde décrite par un cercle, dont le diamètre est la moitié de celui du pignon, et dont le mouvemeut se fasse par la circonférence de la roue.*

127. Oɴ ᴠᴇʀʀᴀ à présent, que l'engrenage de deux mobiles sera toujours dans les principes, quand la courbe de l'aîle du pignon, et celle de la dent de la roue seront décrites par un même cercle générateur, roulant intérieurement dans le pignon primitif pour décrire l'aîle du pignon, et extérieurement sur la roue primitive pour décrire la dent de la roue.   Voyez Fig. 4.   Le cercle $D \, M \, C$ est plus petit que le pignon primitif $A \, M \, E$ et le centre de celui-ci est dans la ligne $M \, F$.   Le pignon, ayant un mouvement de M à A, et la roue ayant un mouvement de M à B, le cercle générateur aura un mouvement de M à D, et le point D décrira une Epicycloïde $A \, D \, G$ sur le

plan du pignon et une autre Epicycloïde BDH sur le plan de la roue, suivant le §. 118. Ces deux Epicycloïdes se toucheront dans le point D, puisqu'elles sont décrites par un même cercle générateur. La ligne MD sera perpendiculaire aux deux Epicycloïdes à la fois, et conséquemment, en faisant les dents de la roue de la forme de BDH, et les aîles du pignon de la forme de ADG, l'engrenage agira toujours avec une force uniforme.

128. Suivant le §. précédent l'aîle du pignon sera concave; un pareil pignon sera difficile à exécuter. Pour que l'aîle devienne convexe, le cercle générateur doit avoir un diamètre plus grand que le rayon du pignon; comme on le voit en Fig. 5 Pl. 5. MB indique la roue, MA le pignon, et MD le cercle générateur qui a décrit l'Epicycloïde BuD sur le plan de la roue, et une plus petite Epicycloïde ADE sur le plan du pignon, laquelle a une forme convexe, et devient applicable aux horloges.

129. De la manière que l'engrenage a été considéré jusqu'à présent, l'action de la dent de la roue sur l'aîle du pignon est supposée dans la ligne des centres et après

la ligne des centres *).   Dans les horloges l'engrenage ne
doit pas avoir lieu avant que la dent et l'aîle se trouvent
dans la ligne des centres, et par conséquent il sera inutile
de s'arrêter à trouver la forme qui conviendrait aux dents
pour cet effet.   Il suffit de remarquer qu'il est plus difficile d'éviter la menée avant la ligne des centres dans les
engrenages qui se font par des pignons de 6, 7 et même
de 8 aîles.   Voyez Fig. 6 Pl. 5. DA, DB et DC
sont trois plans d'un pignon de 8, et ces plans sont me-
nés par les dents de la roue MN.   Supposons la roue
d'un diamètre 5 fois plus grand que celui du pignon, par
conséquent le nombre de ses dents sera 5 fois plus grand que
le nombre des aîles du pignon; une dent de la roue avec
son vuide à côté sera donc de 9°, car 360° divisé par 40
sont $= 9$; par conséquent BE est de 9°.   En décrivant
actuellement depuis E une Epicycloïde qui touche AD en
G, et en faisant le côté opposé de la dent de cette même
forme épicycloïdale, on voit qu'on sera obligé, pour que
la dent ait suffisamment de place, de dégager l'aîle du pignon

---

*) *La ligne des centres* est la droite qui passe par le centre de la roue
et par celui du pignon.

jusqu'à *H B*, et celui-ci sera assez affaibli. Pour éviter de tant dégager l'aîle on pourra diminuer la dent jusqu' en *F K,* mais dans ce cas la pointe *F* de la dent n'agira pas sur *A D* dans le moment que *B L* sera dans la ligne des centres, mais *B L* aura déjà conduit *B D* avant la ligne des centres. Cependant dans la pratique on parvient à faire de bons engrenages par des pignons de 8 et même de 6 aîles, en formant les dents et les aîles convenablement.

130. LES ROUES qui ont leurs dents parallèles, n'ont pas été considerées ici jusqu'à présent. Comme il ne sera pas question dans cet ouvrage d'horloges avec des *roues de champ* ou à *couronne*, je me bornerai à dire, sans le prouver, que la forme des dents parallèles doit être cycloïdale, et que c'est ainsi qu'on obtient l'uniformité dans la menée.

131. ON VOIT facilement combien il est peu possible dans la pratique de donner exactement la forme cycloïdale et épicycloïdale aux dents; cependant l'ouvrier habile et routiné en approche dans l'exécution. Le moyen très sûr de rendre les engrenages aussi parfaits que possible, c'est de nombrer beaucoup les dents, car la menée sera

moins longue, les pulsions se répéteront plus souvent, et la force sera transplantée plus uniformément. Les engrenages formés par des mobiles beaucoup nombrés occasionnent en même temps moins de frottement, et une horloge disposée ainsi, aura un régulateur plus puissant; mais on voit en même temps, qu'un engrenage, formé par des mobiles beaucoup nombrés, exige une grande exactitude dans les dentures, et que l'aggrandissement des trous des pivots dérange plus facilement le vrai point de pénétration de l'engrenage. C'est surtout dans les horloges marines qu'on doit faire usage de mobiles beaucoup nombrés; dans celles destinées à un usage plus ordinaire, l'expérience a assez montré que les pignons de 6, 7 et 8 aîles remplissent suffisamment le but. Cependant pour les pignons qui agissent le plus près du moteur, il est toujours bon de les nombrer plus que ceux qui agissent près du régulateur. L'inuniformité de menée qui pourrait avoir lieu dans les derniers mobiles, étant plus souvent repetée, et par là pour ainsi dire compensée à chaque instant, influerait moins sur la régularité des vibrations.

132. Suivant le §. 120 et §§. suivans, on voit qu'on distingue dans les pignons deux rayons, le *primitif* et le rayon *total*. *L'excédent* du rayon *primitif* et le rayon *primitif* ensemble forment le rayon *total*. L'excédent du rayon primitif est la partie arrondie des dents. Dans les mobiles fortement nombrés, cet excédent devient plus petit, et par conséquent le rayon total devient de même un peu plus petit, ce qui fait, ainsi que nous l'avons déjà remarqué, que la grosseur des pignons varie un peu suivant le plus ou moins grand nombre de dents des roues. Il est utile à remarquer que des pignons d'un petit nombre d'aîles doivent être plus vuides, que ceux avec un grand nombre d'aîles. Quant aux pignons de 6, il convient de les faire de manière qu'il y ait $\frac{2}{3}$ de vuide et un tiers de plein. A mesure que les aîles augmentent en nombre, il convient de les faire un peu plus pleins; un pignon de 12 peut presque avoir autant de plein que de vuide. Les dents des roues engrenant dans des pignons peu nombrés, doivent être plus grosses, que celles qui engrènent dans des pignons plus nombrés.

17

Il est presqu'inutile d'observer combien il importe
que les dents d'une roue soient parfaitement égales entr'elles, soit pour leur distance, soit pour leur grosseur, et que
leurs extrémités, ou leurs pointes, soient également éloignées du centre. Ceci doit encore avoir lieu dans les pignons, et cela rigoureusement. On sait combien les pignons durs et bien polis adoucissent le frottement de l'engrenage, et combien il est avantageux de rendre les roues
légères, pour que la force motrice puisse vaincre facilement
la résistance causée par leur inertie.

ARTICLE TROISIEME. *Du frottement des pivots
du rouage.*

133. IL EST très important de réduire le frottement des pivots du rouage à la plus petite quantité possible,
et surtout de chercher à le rendre constant, afinque la
force motrice puisse être transplantée au régulateur avec le
moins de perte possible, et que les arcs de celui-ci ne changent pas d'étendue, par des variations dans la force transmise.
Le frottement des pivots du rouage provient de la pression
de la force motrice et du poids des roues. Les mobiles

qui sont les plus proches de la force motrice exigent des pivots gros, afinque ceux-ci puissent avoir assez de solidité, et qu'ils ne rongent et n'aggrandissent pas les trous, ce qui augmenterait le frottement et changerait le vrai point de l'engrenage.   A mesure que les roues sont éloignées de la force motrice, les pivots doivent avoir un plus petit diamètre et moins de longueur, puisqu'ils ont moins de pression et plus de vîtesse que les pivots des premiers mobiles.   Il convient de répartir, autant qu'il se peut, la pression sur les pignons de manière que les deux pivots en supportent au plus près une égale portion.

134. LES PIVOTS doivent être durs, ronds et bien polis; leurs portées doivent être plattes, pas trop grandes et avoir les angles bien rabattus, afin que ceux-ci ne rongent pas la pièce qui les supporte.   Les trous doivent être ronds, bien unis et pas plus grands que le mouvement libre du pivot ne l'exige.   Leurs côtés doivent être parallèles aux pivots, afin que ceux-ci supportent par tous les points la pression du pivot.   Les trous en laiton ou en or doivent être bien écrouis et avoir les pores bien reserrés. Quand les pivots roulent dans des trous percés dans des

pierres dures, il est de toute nécessité que ces trous soient intérieurement bien polis, et que l'angle du trou soit bien arrondi, pour que le pivot ne se ronge pas et qu'il ne perde rien de son poli. Ce n'est que quand les pierres sont percées avec grand soin, qu'elles deviennent préférables aux trous en or ou en laiton *). Les pivots de la roue d'échappement doivent porter avec le bout contre une plaque d'acier trempé et poli, quand les trous sont en or ou en laiton; quand les trous sont en pierres le pivot doit rouler contre une pierre platte et bien polie, ainsi que nous l'avons expliqué §. 85 en parlant des pivots du balancier. Les pivots doivent avoir un petit jeu de haut en bas, ou suivant leur longueur, afinque leur mouvement puisse être entièrement libre et sans gêne. Les noyures pour l'huile doivent être assez grandes afin qu'elles puis-

---

*) J'ai eu souvent occasion de me convaincre, combien il importe que l'artiste horloger choisisse des pierres percées avec soin, ayant eu entre les mains plusieurs chronomètres, où les pivots ont été rongés par les défauts de la pierre. On ne peut remédier à ce mal qu'en changeant la pierre, et en refaisant la pièce dont le pivot est rongé: les horlogers qui ne sont pas à même de se procurer de bonnes pierres ne peuvent y remédier, et ne préviendront pas le mal, même en refaisant la pièce qui a le pivot rongé.

sent contenir une quantité d'huile suffisante pourque celle-ci se conserve pure.   Les tigerons qui sont près du pignon doivent être coniques, c'est à dire plus gros près de la portée du pivot que près du pignon, car alors l'huile se conservera au pivot par l'attraction, et ne cherchera pas à s'introduire dans les aîles du pignon, comme cela arrive fréquemment dans les horloges mal disposées.

CHAPITRE SEPTIEME.

De l'Echappement.

ARTICLE PREMIER. *De l'échappement en général.*

135. L'ECHAPPEMENT est la partie de l'horloge qui communique au régulateur la force transplantée par le rouage (voyez §. 7). C'est l'échappement qui répare la perte de mouvement qu' éprouve le régulateur par le frottement et la résistance de l'air: il compte en même temps le nombre de vibrations du régulateur. Il y a une grande diversité d'échappemens, mais les uns sont moins parfaits que les autres. Avant de pouvoir juger des défauts ou de la bonté d'un échappement, on doit connaître les propriétés qu'il devrait avoir pour remplir le but.

136. LES PROPRIETES du plus parfait échappement devraient être telles:

1°. Qu'il communiquât la force du rouage au régulateur avec le moins de perte possible, car s'il y avait de la

force perdue, on serait obligé d'employer une force
motrice plus considérable, celle-ci augmenterait le
frottement et détruirait plus subitement les différentes
parties de l'horloge.

2°. Que l'impulsion sur le régulateur fût toujours également forte, malgré les variations dans la force transmise par le rouage; car alors les vibrations du balancier seraient toujours d'égale étendue, malgré l'augmentation de frottement du rouage et de l'épaississement
de l'huile aux pivots de celui-ci.

3°. Que les vibrations du régulateur se fissent librement
après les impulsions, car celui-ci ne peut mesurer le
temps avec toute l'exactitude possible, s'il est affecté
pendant les vibrations par l'action d'une puissance ou
force extérieure, qui, en frottant sur la pièce d'échappement du régulateur, ferait varier la durée des vibrations, suivant le plus ou moins de frottement qui
pourrait avoir lieu.

4°. Que l'échappement fût fait de matières aussi peu dé-
structibles que possible; car les différentes parties frottantes se détruiraient par le jeu continuel de l'échap-

pement, si on n'employait pas des corps peu sujets à s'user.

5°. Qu'on pût ne point employer d'huile aux parties de l'échappement qui influent sur le régulateur, car on sait que l'huile, en perdant de sa fluidité, augmente le frottement, ce qui changerait la durée des vibrations.

137. LES ECHAPPEMENS peuvent être divisés en quatre sortes:

1°. l'échappement *à recul*.

2°. l'échappement *à repos*.

3°. l'échappement *libre*.

4°. l'échappement *à force constante*.

L'échappement à *recul* produit pendant les vibrations un mouvement rétrograde dans la roue d'échappement et dans tous les mobiles de l'horloge.   L'échappement à *repos* est celui où la roue d'échappement reste en repos après les impulsions.   L'échappement *libre* est aussi à repos, mais ce qui lui a valu la dénomination particulière de *libre*, c'est que le balancier vibre librement après les impulsions de la roue d'échappement.   L'échappement à *force constante* a la propriété de communiquer au régulateur une force réparative toujours égale, malgré l'augmentation du frottement dans le rouage et malgré quelque diminution dans la force motrice.

138. L'ECHAPPEMENT à *recul* ou à *roue de rencontre* étant si généralement connu, il n'en sera pas question ici; d'ailleurs ce n'est sûrement pas par celui-ci qu'on peut obtenir beaucoup de régularité de marche dans une horloge, l'action et les variations de la force transmise au régulateur influant trop sur la durée des vibrations. L'échappement *à repos* rend les vibrations bien plus régulières: on peut l'employer avec succès. L'échappement *libre* est encore préférable à celui à repos, puisqu'il abandonne le régulateur entièrement à son mouvement libre après les impulsions, et que rien ne peut troubler les oscillations. C'est aussi cette sorte d'échappement qu'on employe par préférence dans toutes les horloges destinées à un usage qui exige une marche exacte et régulière. L'échappement à *force constante* présente encore l'avantage d'une force réparative toujours égale, ce qui doit nécessairement lever le dernier obstacle à la régularité des vibrations. Je donnerai à présent la description de plusieurs échappemens, dont

18

la bonté est reconnue; je ferai mention de deux nouveaux, que j'ai imaginés et que je soumettrai à l'examen des artistes connaisseurs.

Article second. *De l'échappement à cylindre.*

139. L'échappement à *cylindre* est de l'invention de Graham. Il serait inutile de s'arrêter à la forme de cet échappement, puisqu' elle est très connue. Il peut être utile de répéter les principes suivant lesquels on doit l'exécuter, et d'indiquer les moyens propres à prévenir l'usure du cylindre, obstacle qui détruit beaucoup la régularité de marche des montres à cylindre, tant parceque la levée devient plus petite, que par la grande augmentation du frottement, qui ralentit les vibrations du régulateur.

Les principes suivant lesquels l'échappement à cylindre doit être exécuté sont comme suit:

1°. La grosseur ou le diamètre extérieur du cylindre devrait être de la distance de deux dents de la roue, comme depuis *a* jusqu'à *b* (Pl. 7 Fig. 1). Le diamètre intérieur du cylindre devrait être de la longueur d'une dent, comme depuis *e* jusqu'à *d*. Comme le cylindre doit avoir un petit jeu entre les dents et autour de la dent, afin de ne pas être gêné dans son mouvement, le diamètre extérieur doit être un peu plus petit que la distance de deux dents, et le diamètre intérieur un peu plus grand que la longueur d'une dent.

2°. Le cylindre doit être entaillé jusqu'au diamètre moins 20°; c'est à dire que la circonférence de $A\,E\,B\,D$, Fig. 2, doit être de 200°.

3°. La *lèvre* ou la *tranche* A du cylindre doit être arrondie comme on le voit en A, et celle B doit être inclinée comme c'est indiqué en B.

4°. La levée doit être de 40°, et le plan incliné de la dent de la roue doit être tel, qu'il puisse opérer cette levée de 40° quand la position de la roue est telle que le point f de la dent (Fig. 1) parcourt le centre du cylindre.

REMARQUE I. Pour prévenir que la montre n'arrête *au doigt*, on fait les plans inclinés des dents de la roue de la forme d'une courbe, plus rapide vers le commencement et adoucie vers le talon de la dent. On sait que le ressort spiral résiste plus fortement étant bandé, et c'est par cette raison que la courbe de la dent doit être telle, que l'inclinaison en devienne moins forte quand le ressort est bandé par la levée. Cependant cette courbe ne doit pas beaucoup s'écarter de la ligne droite, car l'expérience a montré que la ligne droite communique le plus grand mouvement possible au balancier, et que celui-ci fait par ce moyen les vibrations les plus étendues. Dans les montres disposées à marcher en remontant, il est inutile de chercher à prévenir *l'arrêt au doigt*, puisque le balancier continue à vibrer, malgré la suspension de l'action de la première force motrice; il suffit d'y faire les plans inclinés en ligne droite.

REMARQUE 2. Le ressort spiral doit être posé de manière, que les deux tranches du cylindre se présentent également aux plans inclinés de la roue, quand le balancier est en repos.

140. IL EST très essentiel de prendre toutes les précautions possibles pour prévenir l'usure du cylindre, afin que le frottement de l'échappement devienne doux et constant. Ce n'est que quand le frottement est constant, que la durée des vibrations peut être égale. Ayant exécuté

un assez grand nombre de montres à cylindre, destinées, à l'usage ordinaire, mais cependant à une mesure très exacte du temps, j'indiquerai les moyens par lesquels j'ai réussi à prévenir la destruction du cylindre.   On fait ordinairement usage de laiton pour la roue à cylindre, mais l'huile ne s'y conserve pas pure, elle se mêle avec les parties qui se détachent du laiton, elle devient épaisse et augmente le frottement.   On sait combien le laiton est sujet au vert-de-gris, et pour prévenir ceci beaucoup d'horlogers dorent les roues à cylindre; mais ce moyen ne remédie que faiblement au mal, car après quelques années de marche la dorure s'en va, et c'est encore le laiton qui agit immédiatement sur le cylindre.   L'acier parait être le métal le plus propre aux roues à cylindre; on peut lui donner un poli uni et fin qui adoucit beaucoup le frottement, et l'huile s'y conserve pure, ainsi que je m'en suis convaincu par expérience*).   Le cylindre doit être fait d'un bon acier,

---

*) J'ai exécuté plusieurs montres à cylindre, où la roue était d'acier. Les vibrations en étaient de 18000 par heure, les balanciers assez grands et pesants, et les arcs de vibrations de 300° passés, de sorte que la roue d'échappement agissait avec une force assez considérable contre le cylindre; néanmoins après 2 ans de marche

tel que celui dont on se sert pour les burins fins, la trempe
doit en être au plus haut degré.   Il convient de faire le
cylindre assez épais, pourque les tranches puissent être parfaitement arrondies, et non pas tranchantes, ce qui ronge-
rait les plans inclinés, lesquels rongeraient à leur tour le
cylindre.   Il convient encore que la distance entre les
deux tampons du cylindre soit assez grande, car sans cette
précaution l'huile aurait trop d'attraction vers ceux-ci et
pourrait s'en aller de la roue, ce qui produirait une destruction subite de l'échappement.   Ceux qui préfèrent *l'utile*
à l'agréable, se résoudront facilement, ainsi que je le pratique, à river leurs roues à cylindre de manière que toutes
les dents n'agissent pas au même endroit sur le cylindre;
pour cet effet, il faut que les dents ne circulent pas dans
un même plan.   Par ces moyens on peut s'attendre à
beaucoup de régularité par l'application de l'échappement à
cylindre; cependant il y a un moyen qui le rend encore

régulière (jusqu'à une minute, ou une minute et demie près par
semaine et souvent moins), j'ai vu que l'huile était encore très
pure, et que le cylindre n'était pas endommagé.   Ceci doit être
une preuve convainquante de l'utilité des roues à cylindre en acier.

moins destructible, c'est en faisant le cylindre d'une pierre dure, inattaquable par le frottement des métaux.   Il y a déjà long temps qu'on fait usage des cylindres en pierre, mais la forme de l'échappement à cylindre en pierre, que je décrirai ici, est nouvelle et de Mr. Breguet.

De l'échappement à cylindre en pierre
de Mr. Breguet.

141. La Fig. 1 Pl. 6 représente la tranche cylindrique en rubis; c'est sur celle-ci qu'agit la roue (Fig. 6) en acier.   La Fig. 2 est une pièce faite en acier avec une rainure *a b c*, dans la quelle on fixe la tranche cylindrique en pierre avec de la gomme.   L'axe du cylindre se voit en Fig. 3; cet axe porte le balancier en *u*, *b*, et le cylindre *B* s'ajuste à frottement sur la partie *c d* de cet axe; *e* et *f* en sont les pivots: la gravure indique leur forme.   Ces pivots roulent dans des trous foncés en pierre.

142. La Fig. 4 représente une potence en acier portant le canon *a b c*; la pierre qu'on voit en Fig. 8 (et en profil en Fig. 7) est fixée dans ce canon près de *a b* et contient le pivot *e* du cylindre.   Le diamètre intérieur

de ce canon est assez grand pour que la tige g du cylindre
(Fig. 3) puisse y tourner librement; le diamètre extérieur
est assez petit pour que le cylindre puisse avoir un mouvement libre autour du canon. En Fig. 5 on voit la potence
appliquée au cylindre. Le pivot f du cylindre (Fig. 3)
roule dans un trou foncé en pierre fixé dans le coq, ainsi
qu'on le voit en Fig. 5 Pl. 7, où l'échappement est représenté en perspective. La Fig. 4 E de la même planche,
indique le trou en pierre, qui s'ajuste dans la pièce F Fig. 3
en laiton qui fait partie du coq.

143. LA FIG. 6 Pl. 6 représente la roue à cylindre en acier, dont les dents diffèrent par leur forme de
celles des roues ordinaires, ainsi que la gravure l'indique;
cependant les plans inclinés, ou la partie de la dent qui
agit sur le cylindre est en courbe, comme de coûtume.
Ces dents sont plus étoffées ou plus grosses près du plan
incliné, idée ingénieuse et très utile, qui fait que l'huile se
conserve près des parties frottantes, par l'attraction. Néanmoins il est nécessaire d'observer de ne pas trop charger la
roue d'huile, car sans cette précaution, celle-ci pourrait se

transporter près de la rainure qui contient la tranche cylindrique.

ARTICLE TROISIEME.   *De l'échappement à vir-*
   gule*).

144. L'ECHAPPEMENT à *virgule* a été employé
avec succès par plusieurs artistes habiles.   Il paraît supérieur à l'échappement à cylindre quant aux principes, puisque l'action de la roue contre les *repos*, se fait plus près
du centre et occasionne moins de frottement.   Les levées
n'en sont pas égales, mais ceci n'influe nullement sur la
précision et la bonté de l'échappement, comme plusieurs
artistes l'ont supposé.   Le plus grand inconvenient de cet
échappement consiste dans la difficulté de conserver l'huile

---

*) Malgré qu'il y ait un assez grand nombre d'ouvriers dans plusieurs
  pays, qui exécutent l'échappement *à virgule*, j'ai été surpris de
  voir, que fort peu avaient une connaissance parfaite des principes
  suivant lesquels il doit être exécuté.   Dans les pays du Nord on
  ignore généralement les principes de cet échappement, et j'ai souvent vu des horlogers dans un très grand embarras quand ils de-
  vaient refaire une virgule, faute d'en connaître les principes.   Je
  crois donc, que malgré cet échappement ne soit pas des milleurs,
  qu'il ne sera pas inutile d'en donner ici la description.

19

près des parties frottantes; sans huile, l'échappement est bientôt détruit, et la marche de la montre devient des plus irrégulières.   Cependant avec les précautions nécessaires, on peut faire en sorte que l'huile demeure à sa place.

145. La Fig. 1 Pl. 8 représente la virgule et la roue en plan, et l'action de celle-ci contre la virgule.   En *A* la dent *E* de la roue agit contre le *repos* intérieur *c c* de la virgule, et va commencer son action sur la grande *levée a a*; après avoir agi sur cette *levée*, la dent *E* échappera, la dent voisine tombera contre le repos extérieur *k*, et sa position sera comme en *B*.   La *levée a* ou la virgule, par l'impulsion de la roue, fera une vibration de droite à gauche, et le spiral (que nous supposons appliqué à la virgule de même que le balancier) sera tendu; par la tension il ramènera la virgule de manière que la dent en *B* agira sur la petite *levée m*, ainsi qu'on le voit en *C*.   Par l'impulsion que reçoit la petite *levée*, la virgule vibrera ou cheminera de gauche à droite, de sorte que par ces deux *levées*, et l'action de la roue, la virgule recevra constamment des impulsions, qui feront vibrer le balancier alterna-

tivement dans des directions contraires.   C'est ainsi que
s'opère le jeu de cet échappement.

146. La Fig. 2 représente la virgule en profil,
et les entailles ou les encoches au dessus et au dessous
des *levées*, sont faites pour le passage des dents de la roue,
qui ne doivent avoir aucun attouchement quelconque, hors
celui qui a lieu contre les *levées* et les repos.   Ces entailles sont un peu plus profondes que le bord du repos intérieur de la virgule, ainsi qu'on le voit mieux en Fig. 3.
La Fig. 4 représente la roue à virgule en profil avec le
pignon.

147. La Fig. 5, Pl. 9 fait voir l'échappement en
perspective; c'est surtout par cette figure qu'on peut se faire
une idée nette de sa forme.   En Fig. 9 et 10 on voit
les tampons de la virgule, qui sont chassés à force dans le
trou percé au milieu de la virgule suivant sa longueur.

Les principes suivant lesquels l'échappement à virgule doit être exécuté, sont comme suit:

1°. La virgule doit être telle que la distance de *a* jusqu'à
b (Fig. 1 Pl. 8 *D*) devienne égale à la distance de
deux dents de la roue.   On observera qu'il y ait

cependant un petit jeu pour la liberté du mouvement de la virgule. Le diamètre du repos intérieur doit être tant soit peu plus grand que la largeur d'une dent.

2°. La levée de cet échappement doit être de 40°, et cela de manière que la petite *levée* opère 10° d'arc de levée et la grande 30°.

3°. La position de la roue relativement à la virgule doit être telle qu'on la voit en Fig. 7, Pl. 9; c'est à dire la partie extérieure des dents doit passer par le centre *c* de la virgule; par conséquent la quantité de degrés de l'arc de levée de l'échappement dépend des inclinaisons des *levées* de la virgule. Par cette raison, quand la virgule est tournée de manière que la dent de la roue peut également agir sur les deux *levées*, la distance de *e* (Fig. 6), jusqu'à à la circonférence de la roue *g*, doit être de 30°, pris sur l'arc que décrit l'extrêmité *e* de la virgule. L'inclinaison de la petite *levée* doit être de 10°, à compter de la circonférence de la roue jusqu'à la partie la plus élevée de ce plan incliné. Alors la dent fera tourner l'index par la petite *levée* 10°, et par la grande 30°, ainsi que l'indique la Fig. 6.

4°. On cherche à rendre les inclinaisons ou les *levées* telles, que la roue n'éprouve pas une trop grande résistance quand le ressort spiral est bandé par l'action de la roue; c'est à dire on dispose les plans inclinés de la virgule de manière, que la levée devienne plus forte au commencement, que vers la fin. Ceci dépend de la forme des courbes des plans inclinés.

REMARQUE I. Plus les dents de la roue sont étroites, plus le diamètre du repos intérieur devient petit, et par conséquent plus le frottement devient moindre. Plus le diamètre du repos extérieur est petit, moins il éprouve de frottement. Par conséquent une virgule fine ou d'un petit diamètre est préférable à une autre d'un plus grand diamètre ou d'une plus grande grosseur, mais l'exécution en devient plus difficile.

REMARQUE 2. On incline les *levées* près des repos de manière, que la roue puisse agir sur celles-ci un peu avant la ligne circulaire de la circonférence de la roue, qui passe par le centre de la virgule, quand celle-ci est en repos; car sans cette précaution, la montre ne pourrait recommencer sa marche après avoir été arrêtée, les dents ne pouvant agir toute de suite sur les plans inclinés.   Ces inclinaisons pourraient à peu près commencer comme en *e* et *f* Fig. 7.

REMARQUE 3.   La virgule doit être trempée au plus haut degré, les places frottantes polies le mieux possible, et les angles tranchans bien rabattus, afin de ne point ronger les dents de la roue.   On pourrait avec avantage faire la roue d'acier, afinque l'huile se conservât plus pure.   Il convient que les dents soient un peu longues, car sans cette précaution l'huile se transporterait au fond de la roue, ce qui produirait l'effet le plus nuisible tant à la régularité de la marche de la montre, qu'à la conservation de l'échappement.   Il est encore nécessaire de faire bien attention à ne pas trop charger l'échappement d'huile, parcequ' alors celle-ci découlerait des parties frottantes par l'action de son poids.

CHAPITRE HUITIEME.

Description de deux échappemens libres.

ARTICLE PREMIER. *De l'échappement libre à ancre.*

148. L'ECHAPPEMENT libre doit être employé par préférence dans les horloges destinées à une mesure des plus exactes du temps, car le mouvement libre du balancier est très peu troublé par cette sorte d'échappement. L'échappement libre à *ancre*, ainsi qu'il sera décrit ici, présente bien des avantages qui le rendent préférable à d'autres échappemens. Par celui-ci le balancier peut décrire de très grands arcs, et son jeu est très sûr. L'invention de cet échappement est duë à Mr. THOMAS MUDGE*), horloger anglais et artiste distingué; mais Mr. BREGUET l'a

---

*) Mr. *Thomas Mudge* est encore l'inventeur d'un échappement *libre à remontoir*, duquel il faisait usage dans ses montres marines. On trouve cet échappement décrit dans un livre publié à *Londres* en 1799 par son fils: *A Description of the Timekeeper invented by the late Mr. Thomas Mudge.*

beaucoup perfectionné.   Celui décrit ici est d'après la méthode de Mr. BREGUET.

149. LA FIG. 1 Pl. 10 représente l'échappement
en plan, et la Fig. 2 en profil.   On le voit en perspective en Fig. 3, qui indique *l'ancre*, la *fourchette* et *l'axe du
balancier*.   On voit la roue d'échappement AB en Fig. 1;
celle-ci agit alternativement sur les plans inclinés BQ et
AC de l'ancre.   La fourchette $EFDG$ est fixée à l'axe
ou la tige de l'ancre, de manière qu'elle puisse passer au
dessus de la roue d'échappement, ainsi qu'on le voit mieux
en Fig. 2.   Cette fourchette suit donc le mouvement de
l'ancre, de sorte que, quand la dent de la roue agit sur le
plan incliné AC et puis sur BQ, la fourchette fait un
mouvement alternativement en sens contraire, et la partie G se trouvera alternativement à droite et à gauche de
la ligne, qui passe par le centre de la tige de l'ancre et de
l'axe du balancier. E et F empêchent le trop grand
mouvement de la fourchette, et s'arrêtent contre la tige
de la roue d'échappement; les deux goupilles n n' de la
fourchette près de G, agissent contre la pièce d'échappement $a c m o r$ sur l'axe du balancier, et donnent par là

les impulsions nécessaires au mouvement du balancier, après
quoi le balancier achève sa vibration librement.— On voit
en Fig. 1 et 3, que l'axe du balancier est d'un plus grand
diamètre dans le plan de la pointe G de la fourchette.
Cette partie ou ce cylindre $a\,b\,c$ (Fig. 1) est entaillé suivant
sa longueur, de manière que la pointe G de la fourchette
puisse passer librement et sans attouchement par cette entaille, dans le moment que n et n' agissent contre $a\,c\,m\,o\,r$.
Après l'action des goupilles $n\,n'$, la pointe G se trouve à
côté et un peu éloignée de la pièce cylindrique $a\,b\,c$, qui
empêche par ce moyen la fourchette de se renverser pendant la vibration du balancier.   La fourchette étant renver-
sée, la pièce d'échappement $a\,c\,m\,o\,r$ ne pourrait rentrer entre
les deux goupilles $n\,n'$. Sans cette disposition, la fourchette
pourrait se renverser par un mouvement extérieur de la montre dans le même plan que celui de la fourchette, ce qui
arrêterait naturellement la marche de la montre.   La Fig. 2
représente, ainsi que nous l'avons dit, l'échappement en
profil: A est la roue d'échappement, M la tige du pignon,
$I\,A$ l'ancre; $G\,F$ représente la fourchette, H l'axe du balancier, portant la pièce d'échappement $c\,m$, qui reçoit l'im-

pulsion des goupilles $n\,n'$, dont l'une seulement est visible dans la figure; $a\,b$ indique la partie qui prévient le renversement. En Fig. 3, $A\,C\,B\,Q$ indique l'ancre, $E\,F\,G$ la fourchette, n la goupille agissant contre la pièce d'échappement de l'axe du balancier H.

150. LES PRINCIPES suivant lesquels cet échappement doit être exécuté, sont comme suit:

1°. La distance du repos extérieur jusqu'au repos intérieur près des plans inclinés, ou de A jusqu'à Q, doit être égale à l'arc compris entre deux dents et la moitié du vuide entre la troisième dent ainsi que l'indique la Fig. 1.

2°. Les *repos* $A\,p$ et $Q\,q$ doivent être concentriques aux pivots de l'ancre. (On pourra les faire tant soit peu en talon pour rendre le jeu de l'échappement le plus sûr possible, mais ceci occasionnera alors un petit recul à la roue.)

3°. Les *levées* de l'ancre doivent être inclinées de 5° chacune, de sorte que l'arc de mouvement de la fourchette devienne de 10°. La distance intérieure des deux goupilles $n\,n'$, doit être égale à la corde de 10° pris

sur l'arc décrit par les goupilles pendant leur mouvement.

4°. La fourchette doit opérer une levée de 60° au balancier; pour cet effet, la largeur de *a c m o r* doit être
de la distance de *n* à *n'*.   La largeur de *a c m o r*
doit de même être égale à la corde de 60° pris sur
l'arc que décrit cette pièce; donc, la corde et le rayon de *a c m o r* doivent être égaux.

5°. Les inclinaisons des dents de la roue doivent être
de 5°.

151. LES DENTS de la roue doivent être dégagées
par derrière, afinque l'ancre puisse s'engager de quelque
chose entre les dents, sans les toucher.   On fait bien de
faire les dents plus larges près des plans inclinés, ainsi que
l'indique la Fig. 2; par cette disposition, la dent devient
suffisamment large pour qu'on puisse y faire une entaille pour
l'huile.   L'ancre et la fourchette, suspendues par les pivots, doivent être en parfait équilibre.

152. AFINQUE cet échappement devienne aussi
peu destructible que possible, il convient de faire la roue
d'acier et les plans inclinés de l'ancre en rubis.   Les gou-

pilles *n n'* doivent être faites d'acier et trempées, et agir contre une pierre dure, travaillée de la forme de *a c m o r.* Cette pièce peut se passer d'huile.

Article second. *De l'échappement libre à ressort ou à cercle.*

153. L'echappement libre à *ressort* ou à *cercle* est originairement de l'invention de Mr. Ferdinand Berthoud; celui décrit ici est d'après la méthode de Mr. Arnold, et tel qu'il le fait exécuter pour ses chronomètres et montres marines. La Planche 11 représente l'échappement; *A* (Fig. 3) est la roue d'échappement; celle-ci agit avec ses dents contre l'entaille *f h*, dirigée vers le centre du cercle *B*, lequel est chassé à force sur la tige du balancier. *C b* est un ressort très fléxible et très élastique, portant le *crochet* ou le *talon* d'arrêt *a*, qui sert à suspendre l'action de la roue d'échappement en résistant aux dents, ainsi qu'on le voit en Fig. 3 *a*. La roue est creusée dans le fond, et la partie des dents, retenue par le talon d'arrêt *a*, est saillante ou dans un plan au dessus de celui du fond de la roue, comme c'est indiqué en Fig. 1 près de *a*; de manière

qu'en approchant le talon d'arrêt *a* du centre de la roue, (en fléchissant le ressort *C b*) la roue devienne libre et imprime à *B* (Fig. 3) la force nécessaire au mouvement du balancier, en agissant contre *f h*. Le ressort *C b* porte une goupille près de *b*; le petit ressort *E d*, qui doit être très faible, appuye contre cette goupille, ainsi qu'on le voit plus distinctement en Fig. 2. La dent *d* (Fig. 3) a assez de longueur pour agir sur ce ressort*), et pour le faire fléchir suffisamment. Le balancier vibrant de *f* en *g*, agira contre *E d* par la dent *d*; *E d* agira à son tour contre la goupille *d*, et le ressort *C b*, ainsi que le talon d'arrêt *a*, s'approcheront du centre de la roue d'échappement; l'effet en sera, comme nous l'avons déja dit, que la roue se dégagera, que la dent près de *f* tombera contre *f* et communiquera par là sa force au balancier. Celui-ci ayant achevé sa vibration de *f* en *g*, cheminera par l'action du spiral dans la direction de *g* en *f*; la dent *d* agira de nouveau

---

*) Dans la figure 3 le petit ressort *E d*, n'est pas fixé au même côté du ressort *C b*, qu'en Fig. 2. Ceci ne change rien à l'échappement, les effets en seront également les mêmes, comme on le sent aisément. En Fig. 3 le petit ressort est supposé agissant au dessus du grand ressort ou dans un plan plus élevé,

contre le petit ressort *E d,* mais sans aucun autre effet que
de le fléchir suffisamment pour pouvoir passer.   Donc, ce
n'est qu'à toutes les deux vibrations que le balancier reçoit
l'impulsion de la roue.   *D* est un piton avec une vis qui
empêche que le ressort *C b* ne fléchisse en sens contraire,
quand la dent *d* agit sur *E d* pour passer sans autre effet.
La Fig. 2 indique encore mieux la position de la dent *d*
et des ressorts.

154. LES PRINCIPES suivant lesquels cet échappement doit être exécuté, sont comme suit :

1°. Le diamètre du cercle *B* doit être égal au double de
   la distance de deux dents de la roue; ou ce qui revient au même, le rayon du cercle *B* doit être égal
   à la distance de deux dents de la roue.

2°. La position du ressort *C b* doit être telle, que le rayon
   de la roue d'échappement qui passe par la pointe de
   la dent près de *a,* devienne perpendiculaire au ressort
   près du talon d'arrêt *a.*

3°. Le petit ressort ou *E d* doit être plié de sorte que la
   dent *d,* quand elle doit dégager la roue, puisse agir
   contre *E d* avant la ligne qui passe par le centre du

cercle B et le talon d'arrêt a; au contraire, quand la dent d ne doit fléchir $E\,d$ que pour passer sans autre effet, elle ne doit agir contre celui-ci qu'après la ligne qui passe par a et le centre de B. Pour cet effet il faut que la partie d du ressort $E\,d$ soit courbée de manière à s'écarter un peu de b.

4°. L'entaille dans le cercle B doit être faite de manière que $f\,h$ soit dirigé vers le centre de B en rayon.

5° Le cercle d'échappement B doit être placé tellement entre les dents de la roue, qu'il puisse tourner librement sans toucher aux pointes des dents, ainsi que l'indique la Fig. 3. Ceci dépend de l'éloignement du cercle B de la roue d'échappement, et en même temps du talon d'arrêt a, qui doit être placé de manière que le cercle B ait un jeu égal entre les dents de la roue.

6°. La levée de cet échappement doit être de 60°, ce qui arrive naturellement quand le cercle B est du diamètre ci-dessus indiqué.

7°. Les courbes des dents doivent être telles, que la force de la roue contre le cercle agisse autant qu'il se peut perpendiculairement au rayon d'impulsion du cercle *B*. Cette courbe doit donc s'approcher de l'Epicycloïde. L'angle près de *f* du cercle doit être rabattu.

8°. La position de l'entaille *f h* du cercle *B*, relativement aux dents de la roue, doit être telle, que la roue d'échappement, après avoir été dégagée du talon d'arrêt *a*, ait une chûte assez grande pour que son action contre le cercle n'ait lieu que 10° avant la ligne des centres du cercle et de la roue. La roue n'agira alors contre le cercle que pendant les 40° de menée. Cette chûte de 20° n'occasionne aucune perte de force, dans l'échappement; car la roue en tombant, agit avec une force augmentée par sa masse et la vîtesse qu'elle acquiert par la chûte; par cette disposition on diminue d'un tiers le frottement de la dent contre la levée.

155. Pour rendre cet échappement aussi peu sujet à s'user que possible, il convient de faire la roue d'échappement en acier, et de couvrir la levée *f h* d'une palette en rubis. La petite dent *d* doit de même être faite en pierre dure; ainsi que le talon d'arrêt *a*. Cet

échappement a besoin d'huile, mais en très petite quantité. En l'exécutant tout uniment en acier et en laiton, il convient de faire une petite fente dans les pointes des dents, pour le logement de l'huile.

156. Ordinairement les roues d'échappement doivent être aussi légères que possible, car une roue pesante a trop d'inertie, et demande une force motrice suffisamment forte pour vaincre cette inertie, ainsi que cela a déjà été remarqué. Dans l'échappement que nous venons de décrire, la roue peut être assez pesante sans augmentation de force motrice, car par la chûte de cet échappement, la roue, en tombant contre le cercle, agit avec une quantité de force, qui dépend de sa masse et de sa vîtesse.

157. Les deux échappemens qu'on employe par préférence dans les horloges qui doivent avoir une marche des plus régulières, sont l'échappement à *ancre* et celui à *cercle* ou à *ressort*. Dans les horloges marines il convient surtout de faire usage de l'échappement à ressort, plûtôt que dans les horloges portatives. Le balancier une fois arrêté ou hors de mouvement ne pouvant de lui-même recommencer ses vibrations, comme on le sent facilement par

21

la description précédente, il pourrait arriver qu'un mouvement extérieur et circulaire dans le plan du balancier anéantît pour un moment le mouvement de celui-ci et la montre serait arrêtée*). L'échappement à *ancre* est très propre aux horloges portatives; il se laisse fort peu arrêter *au doigt*.

*) Ce mouvement pourrait avoir lieu en remontant la montre, ou en la sortant du gousset, et de plusieurs manières.

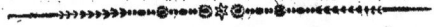

CHAPITRE NEUVIEME.

Description d'un échappement libre à force constante de Mr. BREGUET.

―――――――――

ARTICLE PREMIER. *Des échappemens libres à force constante en général.*

158. LES ECHAPPEMENS libres *à force constante* ne peuvent que beaucoup contribuer à la régularité des horloges; ils sont préférables aux autres sortes d'échappemens, car les impulsions que le régulateur reçoit par l'échappement à force constante sont toujours d'égale force, malgré l'augmentation du frottement et l'épaississement des huiles aux pivots du rouage. Les vibrations du régulateur étant par la nature de cet échappement toujours d'égale étendue, leur durée devient nécessairement aussi toujours égale. Par l'application de l'échappement à force constante on peut se dispenser de rendre les vibrations du régulateur artificiellement isochrones, les arcs de vibrations restant toujours sensiblement d'égale étendue.

159. Il est vrai que l'exécution de ces échappemens est assez pénible, car ils sont plus compliqués que les
échappemens ordinaires.   Cependant le surplus de travail
et de soin qu'exigent ces échappemens peut en quelque
façon être compensé par le moins de soin que demande
l'exécution du rouage.   La grande uniformité dans les engrenages n'étant pas, par la nature de cet échappement,
d'une grande conséquence, on peut se dispenser de tant
nombrer les roues et les pignons, ce qui abrège l'ouvrage.   On pourrait de même supprimer la fusée, et
tout uniment faire usage d'un barillet tournant, qui par une
révolution et demi, ou deux, pourrait faire marcher l'horloge suffisamment long temps, sans grande inégalité dans
les tours d'action.   Par ce moyen le méchanisme qui fait
marcher l'horloge pendant qu'on la remonte deviendrait su-
perflu, ce qui abrègerait encore l'ouvrage.

160. Les echappemens à force constante éxi-
gent une force motrice plus grande que les échappemens
ordinaires, par le frottement et la résistance qu'occasionne
le jeu des différentes parties.   Cette augmentation de force
motrice produit un plus grand frottement aux pivots du

rouage, mais qui ne devient nullement nuisible à la régularité de la marche, ainsi que nous l'avons déjà dit; la peine
de reboucher les trous du rouage, après quelques années de
marche, n'est rien en comparaison du grand avantage que
procurent ces échappemens pour la régularité.

ARTICLE SECOND. *Description de l'échappement
à force constante de Mr.* BREGUET.

161. LA PL. 12, Fig. 1 représente l'échappement
en plan, et la Fig. 2 (Pl. 13 en perspective) les lettres se
rapportent dans ces deux figures, où *A* est la roue d'échappement; *B* une seconde roue fixée à la tige du pignon de
la roue d'échappement, ainsi que cela est indiqué Pl. 12
Fig. 4. *C* est la pièce d'échappement, qui reçoit les impulsions; elle est fixée à l'axe du balancier; *d* est une
petite dent ou levée au dessus de *C*, comme on le voit
Pl. 13. *E* est un *volant* engrenant en *B*; *H* est un ressort portant le talon d'arrêt *b*, qui empêche le mouvement
du volant, la petite pièce ou le bras *g* de celui-ci s'arrê-
tant contre *b*; voyez Fig. 3 Pl. 12. *D* est le ressort
d'impulsion; celui-ci est pourvu d'un petit crochet de la

forme qu'indique Fig. 2 Pl. 12. Le ressort F porte le talon d'arrêt e, dont la partie inférieure est dans le plan du crochet de D, de manière que le talon d'arrêt e puisse s'engager dans ce crochet; K est un ressort très faible fixé à F; il appuye contre la goupille h du ressort F; a et d sont des vis, qui empêchent le mouvement rétrograde de H et F.

162. L'EFFET de cet échappement sera que la roue A, que nous supposons en liberté, tendra ou bandera le ressort D par ses dents, qui agissent contre le plan m du ressort. D étant tendu par l'action de la dent de la roue restera bandé par le moyen du crochet qui s'engage dans le talon d'arrêt e, en fléchissant par son plan incliné le ressort F, jusqu'à ce que le talon d'arrêt e, après avoir passé l'incliné du crochet, s'engage dans celui-ci. Supposons le balancier en mouvement dans la direction de C en c, alors la dent c fléchira le petit ressort K et passera sans aucun autre effet. Par l'action du spiral le balancier, après avoir achevé sa vibration de C en c, cheminera dans la direction de c en C. La dent c agira de nouveau contre K, qui retenu par la goupille h ne peut fléchir. L'action de c fera au contraire fléchir le ressort F, de sorte que le

talon d'arrêt et puisse se dégager du crochet de *D*. Le ressort *D* tombera contre le plan d'impulsion ou la pièce d'échappement *C*, et imprimera par là la force nécessaire au mouvement du balancier; après quoi *D* agira contre le ressort *H*, qui, en fléchissant par le choc de la partie *k* du ressort *D*, dégagera le talon d'arrêt *b* du bras *g* du volant. Celui-ci en liberté fera une révolution par l'action de la roue *B*, et la roue d'échappement avancera d'une dent, et tendra de nouveau le ressort d'impulsion *D*, pour renouveller les mêmes effets.

163. Le ressort *D* étant toujours tendu également, les impulsions seront aussi également fortes, malgré le plus ou moins de force de la roue d'échappement.

Les principes suivant lesquels cet échappement doit être exécuté sont comme suit:

1°. Le ressort *D* doit agir contre le plan *C* 10° avant la ligne des centres et 30° après cette même ligne.

2°. La position de *H* doit être telle que le choc de *D* contre ce ressort se fasse perpendiculairement.

3°. Le petit ressort *K* doit être plié de manière que la dent ou la levée *c*, quand elle doit fléchir le res-

3°.   soit sans autre effet, n'agisse qu'après la ligne qui passe par le ressort *F* et le centre du balancier, et au contraire qu'elle puisse agir avant et dans cette même ligne, quand le ressort *F* doit fléchir pour dégager *D*.

4°. La position de la dent *c* contre *C* doit être telle, que le ressort d'impulsion *D* soit dégagé quand *C* se trouve 10° avant la ligne des centres.

5°. Le nombre des dents de la roue *B* doit être le produit du nombre d'ailes du pignon du volant et des dents de la roue d'échappement.

Les parties de cet échappement qui éprouvent du frottement doivent être garnies en pierre; telles que *k* et *m*; les talons d'arrêt *x* et *b* sont des pierres ajustées dans les ressorts *F* et *H*. Il serait inutile de faire mention des différens soins d'exécution qu'exige cet échappement; l'ouvrier à talent les sentira lui-même.

164.   DANS les échappemens libres décrits dans le Chapitre précédent il y a deux obstacles à l'égale étendue et l'égale durée des vibrations du balancier. Dans l'échappement à ancre on voit que le plus ou moins de force du rouage doit nécessairement influer sur l'étendue des arcs de

vibrations, et que la résistance qu'éprouve le balancier, en ramenant la fourchette pourque la roue d'échappement puisse agir sur les plans inclinés, varie suivant le plus ou moins de pression de la roue d'échappement contre les repos de l'ancre. Dans l'échappement à ressort ou à cercle il y a encore les mêmes sources d'irrégularité, car la variation de force du rouage fait varier l'étendue des arcs de vibrations; la résistance qu'éprouve le balancier en dégageant la roue du talon d'arrêt du grand ressort d'échappement varie aussi suivant le plus ou moins de pression de cette roue contre le talon d'arrêt. Les variations de résistance qu'éprouve ainsi le balancier paraissent encore plus nuisibles à la durée et la régularité des vibrations, que les variations dans l'étendue des arcs de vibrations causées par des impulsions plus et moins fortes; car, en supposant le spiral isochrone, les inégalités dans l'étendue des arcs que décrit le balancier par des impulsions plus et moins fortes, n'influeraient point sur la durée des vibrations; mais les variations dans la résistance absolue, qu'éprouve le balancier paraissent devoir influer au moins en quelque chose sur l'égale durée des vibrations. L'échappement libre à force constante décrit ici

22

présente, outre l'avantage des impulsions constantes, la plus parfaite égalité dans la résistance qu' éprouve le balancier en dégageant le ressort d'impulsion, ainsi qu'on le sent aisément par la description de cet échappement.   La Pl. 13 Fig. 1 représente l'échappement monté sur la platine.

165. ON VOIT facilement que cet échappement ne devient applicable qu'aux horloges dont la position est toujours horizontale, car le poids du ressort D rendrait les impulsions plus ou moins fortes si l'horloge se trouvait dans de différentes positions verticales.   Dans le Chapitre suivant je décrirai un échappement à force constante de ma composition, tel qu'on pourrait l'employer dans les horloges dont la position n'est pas toujours la même.   N'ayant pu encore l'exécuter, faute de temps, je le soumets dans cet ouvrage à l'examen des connaisseurs.

CHAPITRE DIXIEME.

Description d'un échappement libre à force constante.

***

166. La Pl. 14 représénte l'échappement en plan.
La Fig. 1 fait voir la roue d'échappement, dont le mouvement est supposé dans la direction de *a* en *u*. Les
dents en sont en partie saillantes ou élevées au dessus du
fond, de sorte que le talon d'arrêt *s* qui descend presque
jusqu'au fond de la roue puisse arrêter contre la partie
élevée de la dent *u*, et s'approcher du centre de la roue
sans toucher au fond. La pièce ou la *levée a c* est
fixée à une tige, dont le pivot inférieur roule dans la
platine qui porte l'échappement, et le pivot supérieur
dans le pont *B*. Sur cette même tige est fixé le spiral
ou le ressort d'impulsion *k k k k* dans un plan inférieur
à *a c*; le bout extérieur de ce spiral est fixé au piton *D*
par la goupille *m*; cette tige porte encore la pièce d'impulsion *c b*, le talon d'arrêt *g* et la pièce taraudée *c d e*. Les

pièces $c\,b$, $c\,a$, $c\,d\,e$ et g doivent être en parfait équilibre.
La Fig. 3 représente la pièce d'échappement qui est concentrique et fixée à l'axe du balancier; cette pièce porte la
pièce saillante z qui reçoit les impulsions de $b\,c$.   La dent
y est encore fixée à l'axe du balancier au dessus de la pièce
z.   La pièce ou la détente représentée en Fig. 4 peut se
mouvoir autour de ses deux pivots, dont l'un entre dans
la platine qui porte l'échappement, et l'autre dans le pont
A.   Cette détente doit se trouver dans le même plan que
la pièce d'impulsion $b\,c$; mais elle doit être faite de manière que le talon d'arrêt près de s descende presque jusqu'au fond de la roue d'échappement et qu'il puisse appuyer
contre la partie saillante des dents de la roue d'échappement.   Le ressort $t\,t$ tend toujours à écarter s du centre
de la roue et presse faiblement la détente contre la vis de
rappel v; la pièce d'impulsion $b\,c$ Fig. 2 peut agir contre
la partie q.   La détente doit être légère et en parfait équilibre.   La Fig. 5 représente le ressort $n\,n$, auquel est fixé
un second ressort très faible et très élastique tel que $o\,o$, qui
doit avancer assez pourque la dent y puisse y avoir suffisamment de prise.   Le ressort $n\,n$ est fixé à la platine

par la vis C et deux pieds; ce ressort porte le crochet h, incliné comme l'indique la gravure.   La pièce ou le talon g porte une pièce saillante qui peut agir contre le plan incliné du crochet h, et qui peut s'engager dans ce crochet par l'action de la roue d'échappement.

167.   Voyons à présent le jeu de cet échappement et supposons la roue d'échappement en liberté; le mouvement de celle-ci sera donc de a en s, et la dent de la roue écartera ou lévera $a\,c$ jusqu'à ce qu'elle échappe.   Le ressort d'impulsion $k\,k\,k\,k$ se bandera et le talon d'arrêt g agira contre le plan incliné du crochet h, et écartera le ressort $n\,n$ jusqu'à ce que g ait passé le plan incliné et se soit engagé dans le crochet h, qui tient bandé le ressort d'impulsion $k\,k\,k\,k$.   Supposons à présent le mouvement du balancier dans la direction de z en x Fig. 3, alors la dent y agira contre le ressort $o\,o$, le fera céder et passera sans autre effet.   Par l'action du spiral adapté au balancier, celui-ci ayant achevé sa vibration de z en x, cheminera dans la direction de x en z.   La dent y agira de nouveau contre $o\,o$, mais ce ressort ne pouvant céder

dans ce sens fera fléchir le ressort *n n* suffisamment pour que le crochet *h* puisse se dégager du talon d'arrêt *g*. Par ce moyen, le ressort d'impulsion deviendra libre, *b c* tombera contre la pièce *z*, qui doit se trouver dans une position propre à recevoir l'impulsion de *b c*. Après l'impulsion de *b c* contre *z*, cette pièce tombera contre la queue de la détente Fig. 4 près de *q*; la détente s'approchera par-là du centre de la roue d'échappement, le talon d'arrêt *s* se dégagera assez de la dent pourque la roue devienne libre et puisse renouveller les mêmes effets dans l'échappement.

Les principes suivant lesquels cet échappement devrait être exécuté, sont comme suit:

1°. La position et la longueur de *a c* relativement à la roue doivent être telles, que la dent de celle-ci n'échappe pas avant que la pièce d'impulsion *b c* soit au côté opposé du cercle d'échappement, et que le talon d'arrêt soit entièrement engagé dans le crochet *h*.

2°. *b c* doit agir contre la pièce d'échappement *z* 10° avant la ligne qui passe par les centres du balancier et des pivots de la tige qui porte *b c*, et 30° après cette ligne des centres.

3°. Le ressort *o o* fixé à *n n* doit être plié de manière que la dent *y*, quand elle doit fléchir le ressort *o o* sans autre effet, n'agisse qu'après la ligne qui passe par le ressort *n n* et le centre du balancier, et au contraire qu'elle puisse agir avant et dans cette même ligne quand elle doit fléchir le ressort *n n*.

4°. La position du crochet *h* doit être telle, qu' étant engagé avec *g*, les côtés qui résistent l'un contre l'autre, se trouvent dans la ligne perpendiculaire de *c* au ressort *n n*.

5°. La partie *r* de la détente en Fig. 4 doit avoir un mouvement droit contre le centre de la roue d'échappement.

6°. *c b* doit agir perpendiculairement contre *q*.

169. LES IMPULSIONS de cet échappement seront nécessairement également fortes, puisque le ressort d'impulsion est toujours bandé au même degré. La résistance qu' éprouve le balancier de la part du ressort *n n* sera aussi

constamment la même, car le talon d'arrêt g résistera toujours avec une force égale contre le crochet h du ressort $n\,n$.   On voit facilement, que l'action de la pièce $c\,b$ contre la détente en Fig. 4 est tout-à-fait indépendante de celle avec laquelle cette pièce agit contre le balancier, et que cet effet n'influe aucunement sur les vibrations.

170. Les pieces $b\,c$, $c\,d$, $a\,c$ et $c\,g$ Fig. 2 étant en parfait équilibre, il est évident que les impulsions de $c\,b$ seront également fortes dans toutes les positions de l'horloge; cet échappement peut donc servir aux horloges portatives dont le volume n'est pas trop petit.

Remarque. Il serait avantageux que toutes les parties frottantes de cet échappement fussent garnies d'une pierre dure, telles que la partie a de $c\,a$, la pièce z, les talons d'arrêt s et g, et la dent ou la levée y.   Il serait surtout essentiel de faire rouler les pivots de la tige qui porte $b\,c$ et $c\,a$ dans des pierres percées, et les bouts des pivots contre des plaques en pierre, afin de rendre constant le frottement de ces pivots.

172. L'INFLUENCE du chaud et du froid sur le ressort d'impulsion *k k k k* augmente ou diminue sa force suivant l'état de la température, mais ceci ne doit influer qu'insensiblement sur l'étendue des arcs de vibrations du balancier. D'ailleurs il y aurait une compensation naturelle à cet effet du chaud et du froid par l'huile aux pivots du ressort d'impulsion.

CHAPITRE ONZIEME.

Description d'un échappement libre à force constante
pour les horloges à pendule.

---

173. On employe ordinairement l'échappement
à repos à ancre dans les pendules astronomiques; la régularité qu'on a obtenu dans la marche de ces machines semble prouver la bonté de cet échappement.   Néanmoins
l'échappement à ancre a le défaut de tous les échappemens
à repos, que l'action continuelle de la roue d'échappement
contre les repos de l'ancre trouble la liberté des oscillations
du pendule et occasionne un frottement qui pourrait causer
des variations considérables s'il venait à augmenter par
l'usure de l'ancre ou la coagulation de l'huile.   Mr. Ferdinand Berthoud a remplacé l'échappement à ancre par
un échappement libre à détente, semblable à celui qu'il a
inventé pour les horloges à balancier*).   Par la nature

*) Cet échappement est décrit dans "La mesure du temps, supplément
au traité des horloges marines„ de Mr. Berthoud.

de cet échappement, les vibrations ne sont point troublées par la roue d'échappement, qui n'agit sur le pendule qu'au moment de l'impulsion. On reconnaîtra facilement le grand avantage de cet échappement, et combien il doit être préférable à celui à ancre et généralement à tous les échappemens à repos dont on a fait usage. On pourrait néanmoins souhaiter un échappement qui remplît toutes les conditions requises et qui réunît, outre le précieux avantage des vibrations libres, celui d'une force constante dans les impulsions. J'ai essayé de composer un pareil échappement; je le soumets ici au jugement des artistes. J'avoue que je n'ai pas encore eu le moment pour l'exécuter et que c'est à regret que je me suis vu dans l'impossibilité jusques à présent d'en faire l'essay; néanmoins je crois utile de le décrire ici, tel que je l'ai imaginé, et j'espère que cet échappement pourrait beaucoup contribuer à la régularité de marche des horloges astronomiques. Par la nature de cet échappement les arcs de vibrations du pendule seront toujours d'égale étendue, malgré les inégalités dans le rouage, causées par les engrenages, le frottement des pivots ou la coagulation des huiles aux

pivots du rouage.   En supposant les arcs de vibrations
toujours d'égale étendue, on voit qu'on pourrait se dispenser de faire vibrer le pendule dans de très petits arcs, le
seul moyen qu'on emploie pour s'approcher de l'isochronisme, auquel on ne parvient cependant pas rigoureusement par le moyen des petits arcs.   Les grands arcs de
vibrations du pendule procureraient encore l'avantage d'une
plus grande quantité de mouvement, obtenue par la vîtesse.   La plus grande vîtesse du pendule fera que les
vibrations seront moins troublées par les petits ébranlemens
qui ont souvent lieu dans les bâtimens même les plus solides, et qui influent d'autant plus sur le pendule, que les
vibrations se font dans de petits arcs*).   Les grandes
vibrations occasionnent plus de frottement à la suspension
du pendule, et une plus grande résistance de l'air.   Quant
à la suspension il conviendrait alors de la rendre le plus

---

*) Dans les villes surtout où il y a beaucoup de remuement et de pas-
   sage de voiture, les bâtimens les plus solides sont sujets à ces
   petits ébranlemens, qui deviennent d'autant plus sensibles que le
   bâtiment est élevé.   Les observatoires de villes doivent s'en res-
   sentir assez pourque cet inconvénient influe au moins en quelque
   chose sur les vibrations du pendule.

solide possible, de sorte que le frottement pût rester constant. La résistance de l'air étant toujours sensiblement la même, ne pourrait nullement troubler la régularité ou l'égale durée des vibrations du pendule.

Description de l'échappement à force constante pour les horloges à pendule.

174. LA PL. 15 représente cet échappement et les Fig. 1, 2, 3, 4 etc. en indiquent les différentes parties. La Fig. 1 fait voir la roue d'échappement dont le mouvement est de a en b. Fig. 2 représente la verge A et le bras A' du pendule, qui se suivent dans leur mouvement réciproque. Le pendule vibre autour de la suspension et derrière le pivot de la roue d'échappement, ainsi qu'on le voit mieux en Fig. 6, dont A est la roue d'échappement, B le pignon avec ses deux pivots a, b; C le pendule et c, d le couteau. La Fig. 3 fait voir la pièce d'impulsion qui ressemble à un marteau. Cette pièce se meut autour de deux pivots près de c. Cette même pièce est représentée en perspective Pl. 16, Fig. 2. L'axe en porte les deux crochets g et p, dont on voit la forme dans la gra-

vure. Le bras *c d* Pl. 15 Fig. 3 est dans le plan de la roue d'échappement; le marteau *c e* dans celui du bras A' du pendule. La Fig. 4, représente une détente ressort *t t* avec le talon d'arrêt *r*, qui s'oppose au mouvement de la roue d'échappement; *t t* porte encore le crochet *q* tel que l'indique la gravure. Le crochet ou la détente *p* (Fig. 3) se trouve dans le plan de *q*, de sorte que ces deux pièces puissent agir convenablement l'une contre l'autre. La Fig. 5 représente encore une détente ressort *k h*, pourvue du talon d'arrêt *h* et de la détente *m*; ce ressort appuye par sa bande ou son élasticité contre les deux pièces *y, y*. Le petit ressort faible et très élastique *n n* est fixé au bras A' du pendule et presse faiblement contre la pièce *o*. La détente *m* est placée dans le plan de *n n*, et le crochet *g* dans le plan du talon d'arrêt *h*. La vis *w* tournant à frottement dans son piton fixe la position du ressort *t t*, (Fig. 4) lequel doit presser légèrement par sa bande contre cette vis. La cheville *Z* reçoit la pièce d'impulsion (Fig. 3) après sa chûte, de sorte qu'elle tombe toujours jusqu'au même point.

175. Le jeu de cet échappement sera tel que la roue d'échappement, supposée en liberté, agira, par son mouvement de *a* en *b*, avec la dent *f* contre le levier *d c*, qui s'écartera jusqu'à ce que la dent de la roue soit échappée; la pièce d'impulsion *e c* (Fig. 3) sera levée, et le crochet *g*, fléchissant par son plan incliné la détente ressort *k h* (Fig. 5), s'engagera devant le talon d'arrêt *h*, desorte que la pièce d'impulsion restera levée à la hauteur que détermine la position du talon d'arrêt *h* et celle du crochet *g*. Supposons le pendule en mouvement de droite à gauche, alors le bras *A'* fera un mouvement en haut; l'effet en sera que le petit ressort *n n* fléchira en passant le bout de la détente *m* sans autre effet. Le pendule ayant achevé sa vibration de droite à gauche, vibrera de gauche à droite, et le bras *A'* descendra; le ressort *n n* agissant par là de nouveau contre la détente *m* ne pourra céder, étant retenu par la pièce *o*, mais fera fléchir le ressort *k h* assez pour dégager le crochet *g* du talon d'arrêt *h*. La pièce d'impulsion sera en liberté et tombera contre le bras *A'* du pendule qui reçoit par là l'impulsion nécessaire à son mouvement. Après cette impulsion la détente *p*

(Fig. 3) agit contre le crochet q, (Fig. 4) de manière que le ressort $t\,t$ fléchisse et dégage le talon d'arrêt r de la dent de la roue d'échappement, qui devient libre pour renou-veller les mêmes effets dans l'échappement.

176. ON VOIT par ce qui précède que les impul-sions au pendule seront toujours également fortes; la pièce d'impulsion étant toujours levée à la même hauteur ne pourra agir qu'avec une force toujours égale. Après l'im-pulsion le pendule oscillera librement jusqu'au moment où le petit ressort $n\,n$ agira sur $k\,h$; mais cette petite résistance étant toujours la même, et ni plus ni moins grande, ne pourra aucunement rendre les oscillations d'inégale durée. La force avec laquelle la pièce d'impulsion agit par le cro-chet ou la détente p contre le ressort $t\,t$, pour dégager le talon d'arrêt r de la dent de la roue, n'influe point sur les vibrations, car ce n'est qu'après l'impulsion au bras A' du pendule, que la pièce d'impulsion agit sur $t\,t$.

177. LES PRINCIPES suivant lesquels cet échappe-ment devrait être exécuté, sont comme suit:

1°. La longueur et la position du levier $c\,d$ doivent être telles, que les dents de la roue d'échappement n'échappent que très peu avant qu'elles s'arrêtent contre le talon d'arrêt *r*; afinque la roue n'ait qu'une faible chûte, et qu'il n'y ait aucune perte de force.

2°. Le crochet *g* doit avoir passé avec son plan incliné le talon d'arrêt *h* un peu avant que les dents de la roue soient échappées.

3°. Le choc de la pièce d'impulsion contre le bras *A'* du pendule doit être, autant qu'il se peut, perpendiculaire à *A'*, et ne doit avoir lieu que presque dans le moment où *A'* se trouve dans la ligne horizontale.

4°. Immédiatement après l'impulsion contre le bras *A'*, le crochet ou la détente *p* doit agir contre le crochet *q* du ressort *t t*, et afinque la détente *p* puisse opérer avec toute la force possible, il convient que *p* agisse perpendiculairement contre le crochet *q*, ainsi qu'on le voit dans la gravure. La position du ressort *t t* doit être telle que le rayon depuis le centre de la roue d'échappement jusqu'à *r* soit perpendiculaire au ressort *t t*.

5°. La pièce d'impulsion étant levée, les côtés droits du talon d'arrêt *h* et du crochet *g*, qui résistent l'un

24

contre l'autre, doivent se trouver dans la ligne perpendiculaire de *c* au ressort *k h*.

6°. Les ressorts *t t*, *k h* et *n n* doivent être bandés un peu contre les pièces *u*, *y y* et *o*.

178. Cet échappement demanderait beaucoup de petits soins dans l'exécution, afinque le jeu en devînt sûr, et ce n'est que l'ouvrier doué de beaucoup d'intelligence qui pourrait l'exécuter dans les principes. Il conviendrait d'en garnir les parties frottantes de pierres dures, pour prévenir l'usure et pour rendre le frottement le plus petit possible. Pour cet effet la roue d'échappement pourrait être d'acier et agir contre une pierre ajustée dans le bras ou le levier *c d*. Le talon d'arrêt *h* pourrait de même être fait d'une pierre dure, et le ressort *n n* devrait aussi agir sur une pierre ajustée dans la détente *m* à l'endroit où *n n* agit contre cette pièce. Le talon d'arrêt *r* du ressort *t t* devrait être fait en pierre; il serait moins nécessaire d'appliquer une pierre au crochet *q* à l'endroit où le crochet *p* agit contre celui-ci. On ferait bien de couvrir le bras *A* du pendule d'une pierre platte, qui recevrait ainsi les impulsions de la pièce *c t*. Les pièces

en acier qui agiraient contre ces pierres devraient être trempées dures et polies le mieux possible. Les pivots de la pièce d'impulsion *c e* devraient de même être très dures et rouler dans des rubis percés; les bouts de ces pivots devraient porter contre des plaques en rubis, afinque le frottement qu'éprouve cette pièce autour de ses pivots fût toujours le plus petit possible et constant. On pourrait exécuter cet échappement en matières plus faciles à travailler, mais il serait plus sujet à s'user et par là les impulsions ne resteraient pas rigoureusement d'égale force; car, en supposant que le crochet *g* ou le talon d'arrêt *h* vînt à s'user un peu aux côtés qui résistent l'un contre l'autre, il est clair que la pièce d'impulsion *c e* ne serait pas levée à la même hauteur, et que les impulsions deviendraient un peu moins fortes, ce qui rendrait les arcs de vibrations plus petits. Par conséquent, il convient pour obtenir toute la précision possible, de faire usage de pierres dures, surtout au talon d'arrêt *h* et pour les pivots de la pièce d'impulsion *c e*.

CHAPITRE DOUZIEME.

Plan ou calibre d'une horloge astronomique à échappement libre à force constante.

179. La Pl. 16 Fig. 1 représente le plan d'une horloge ou pendule astronomique avec l'échappement libre à force constante que nous venons de décrire dans le Chapitre précédent. *L M Z* est la platine qui porte les piliers *C C C C C*; elle doit être assez épaisse et bien forgée afin que les parties *L*, *M* puissent être très solides, et avoir assez de corps pour pouvoir porter les différentes parties de l'échappement. *A* est la première roue, concentrique au *tambour* ou *cylindre* sur lequel s'enveloppe la corde du poids moteur; *a b* indique le tambour dont l'axe est terminé en quarré, comme cela se pratique ordinairement. La roue *A* engrène dans le pignon *c* qui porte la roue *B*; celle-ci engrène à son tour dans le pignon *d* de la *roue des minutes* *D*, qui engrène dans le pignon *e*. La roue *E* conduit le

pignon f de la roue F, portant l'aiguille des secondes. F engrène dans le pignon g de la roue d'échappement G.

180. On voit également à la Pl. 16 comment l'échappement est appliqué à cette pendule. HK est la pièce d'impulsion portant les deux crochets X et R. N est le ressort qui suspend l'action de la roue d'échappement. SS représente le bras du pendule qui porte le petit ressort V, appuyant contre la pièce T. TT est le ressort qui tient levé la pièce d'impulsion, après l'action de la roue d'échappement, par le talon d'arrêt Z. U représente la détente sur laquelle agit le ressort V pour dégager la pièce d'impulsion.

181. Les parties de l'échappement qui sont placées dans ce calibre derrière la platine sont ponctuées. Le ressort N, le levier K et le crochet P sont placés dans le plan de la roue d'échappement et par conséquent devant la platine. La partie H de la pièce d'impulsion qui opère sur le bras SS, se trouve derrière la platine et dans le même plan que le bras du pendule. TT portant le talon d'arrêt Z, est fixé à la platine du côté du pendule, et le crochet X doit être placé dans le plan du

talon d'arrêt Z; par conséquent derrière la platine. La Fig. 2 rend la disposition des différentes parties plus intelligible.

182. LE TAMBOUR devrait avoir assez de longueur pourqu'on pût y envelopper douze tours de corde et le nombre des dents des roues, pour que l'horloge marchât un mois passé, pourrait être comme suit:

1°. La roue A ou du tambour de 96 dents.

2°. La roue B ou intermédiaire . . 80 —

3°. La roue D ou de minutes . . . 64 —

4°. La roue E ou moyenne . . . . 60 —

5°. La roue F ou de secondes . . . 60 —

6°. La roue d'échappement . . . . . 8 —

Le nombre des aîles des pignons:

1°. Le pignon c ou intermédiaire de 12 aîles.

2°. Le pignon d ou de minutes . . . 10 —

3°. Le pignon e . . . . 8 —

4°. Le pignon f ou de secondes . . . 8 —

5°. Le pignon g ou d'échappement . 16 —

183. QUANT au pendule même on pourrait le construire comme celui décrit §. 44 ou d'après celui de

Mr. Arnold décrit §. 52. Ce dernier étant plus facile à exécuter parait préférable. Il serait très essentiel d'appliquer un index à la partie inférieure du pendule, pour s'assurer de la parfaite égalité de l'étendue des arcs de vibrations, ainsi que l'indique la Pl. 19. Le pendule devrait nécessairement être à suspension à *couteau*, et la plus parfaite possible. La rainure de la suspension devrait être faite en pierre dure pour rendre le frottement le plus constant possible, et pour prévenir l'usure, ainsi que nous l'avons déja expliqué en traitant de la suspension du pendule.

184. L'HORLOGE devrait marcher pendant qu'on la remonte, par le moyen d'une force motrice auxiliaire. La disposition de ce méchanisme sera expliquée dans le Chapitre quinzième *).

185. IL SERAIT très indifférent que le cadran fût d'émail ou de métal, pourvuque les divisions fussent bien exactes. Cependant comme on a plus de facilité à faire

---

*) On pourrait faire usage d'un *pied de biche mobile* pour entretenir le mouvement du pendule pendant qu'on remonte l'horloge. Ce méchanisme simple est décrit dans *l'Essay sur l'horlogerie de* Mr. BERTHOUD *1re Partie* n° 71.

les cadrans en métal, surtout pour l'exactitude des divisions, lesquelles on peut faire sur l'outil à graduer, il conviendrait d'exécuter le cadran en cuivre jaune et l'argenter après. Par ce moyen on pourrait le faire entièrement plat, ce qui procurerait l'avantage que l'aiguille des secondes tournerait dans un plan paralelle au cadran.

186. SUIVANT la disposition de cette horloge, les secondes seraient excentriques, et par la nature de l'échappement l'aiguille des secondes ne ferait qu'un battement dans deux secondes, ainsi que dans les horloges astronomiques à échappement libre de Mr. BERTHOUD. Ceci n'a aucun inconvénient, car, en supposant le *cabinet* de l'horloge percé et pourvue d'une glace, de manière qu'on puisse voir le mouvement de la lentille du pendule, l'observateur pourra diviser exactement l'intervalle des deux secondes en suivant des yeux les vibrations du pendule qui se font dans une seconde.

187. IL CONVIENT de faire les aiguilles aussi légères que possible et d'acier revenu bleu. L'aiguille des secondes, et même celle des minutes, devraient être en équilibre autour de leur centre.

188. Pour empêcher que la corde ne casse en remontant l'horloge, il serait nécessaire de faire usage d'un
arrêtage, tel qu'on les exécute ordinairement dans les montres, ou bien comme celui décrit §. 95, cependant avec un
plus grand nombre de dents dans la roue.

189. Il serait impossible de calculer d'avance le
poids du moteur, parcequ'on ne peut évaluer exactement
la quantité des frottemens de l'échappement et du rouage,
et la résistance des ressorts de l'échappement. L'expérience indiquera la puissance du moteur ou du *poids*, lequel il sera facile d'augmenter ou de diminuer suivant le
besoin. La force motrice n'influant nullement sur les
vibrations du pendule, il serait même bon d'employer un
poids un peu plus fort que l'exige le jeu de l'échappement, car les frottemens du rouage venant à augmenter
par la coagulation des huiles et l'usure des trous des pivots, diminuent la force transmise à l'échappement. Il convient donc, que la force motrice soit assez grande pour
pouvoir suffire malgré l'augmentation des frottemens du
rouage.

25

190. Il est presqu'inutile de remarquer combien il est essentiel de faire le *cabinet* du pendule de manière que la poussière ne puisse y entrer par les jointures. Sans ce soin, l'huile ne se conserverait pas long temps pure, le frottement augmenterait et l'horloge ne conserverait pas long temps sa justesse. Il est de même très important que le pendule reste toujours dans la même position relativement au mouvement de l'horloge, puisqu'il porte une partie des pièces qui composent l'échappement. L'horloge doit être fixée à un mur solide et conserver constamment la même position.

191. L'horloge achevée et remontée on pourra d'abord la régler d'après une pendule astronomique dont la marche soit reconnue exacte, après quoi il sera indispensable de s'assurer de sa justesse par l'observation des étoiles fixes. Celles-ci ayant une accélération de 3′ 55″ 54‴ en 24 heures de temps moyen, on trouvera à la fin de cet ouvrage une table de leur accélération depuis un jusqu'à soixante jours.

192. On se ressouviendra que je ne me suis pas encore vu dans la possibilité d'exécuter cet échappe-

ment, et que cette description ne doit être envisagée que comme une proposition que je fais aux artistes connaisseurs et instruits. Je me propose, aussitôt que le temps me le permettra, de faire exécuter une pareille horloge astronomique, et je publierai alors les résultats de ce travail.

CHAPITRE TREIZIEME.

Plans ou Calibres de deux montres.

ARTICLE PREMIER. *Calibre et plan d'une montre à échappement à ancre et à secondes excentriques.*

193. IL ne sera peut-être pas sans utilité de donner ici le plan de plusieurs montres, disposées de manière à réunir les propriétés qui contribuent le plus à la régularité de la marche. La montre qui sera décrite ici, est à barillet tournant, sans fusée. Le barillet est assez grand pour contenir un ressort très long qui puisse avoir un grand nombre de tours; par ce moyen le ressort, après avoir été bandé sufisamment, peut agir avec assez d'égalité dans ses tours d'action, et peut avoir assez de tours en repos, pour ne pas perdre de son élasticité et pour ne pas être exposé à casser, suivant ce qui a été dit §. 92. Cette disposition procure outre l'avantage de la simplicité, celui que la montre marchera en remontant. La montre est

formée d'une seule platine assez épaisse pour pouvoir être solide. Les pivots inférieurs de la plûpart des mobiles roulent dans la platine et les pivots supérieurs dans des ponts. Les mobiles sont placés assez symétriquement, suivant la méthode de Mr. Breguet.

194. La Planche 17 Fig. 1 et 2 représente la platine de la montre; la Fig. 2 indique le côté vers le cadran. *A* est le barillet planté entre la barette *a* Fig. 2 et le pont *a* Fig. 1. La platine est coupée de manière que le barillet puisse la traverser et se mouvoir dans la partie vuidée de la platine. Le quarré de l'arbre pour remonter la montre est du côté du pont *a* Fig. 1, et la barette *a* Fig. 2 porte l'encliquetage. Les points faits à la barette et au pont indiquent la position des vis qui fixent ces pièces; les pieds y sont de même marqués. La denture du barillet est du côté du pont *a* Fig. 1. *B* est la roue de minute ou grande moyenne, dont le pignon engrène dans les dents du barillet. Le pivot inférieur du pignon roule dans la platine, et le pivot supérieur dans le pont *b* Fig. 1. La roue est placée au dessus du barillet, entre le pont *b* et le barillet; la hauteur du pont *b* est telle que

la roue puisse avoir assez de *jour* des deux côtés.   Le pied du pont est fixé à la platine par deux pieds et une vis.   La petite moyenne *C* est plantée entre la platine et le pont *c*, dont le pied est fixé à la platine par deux pieds et une vis.   La roue est assez éloignée de la platine pour qu'il y ait le *jour* convenable.   *D* indique la roue de secondes, dont le pivot inférieur roule dans la platine et l'autre dans le pont *d*.   Le pivot inférieur du pignon de cette roue est assez long pour traverser le cadran de la montre, et pour qu'on puisse y appliquer l'aiguille des secondes lesquelles sont excentriques.   La roue de secondes se trouve au dessus de la petite moyenne, et dans un plan inférieur à celui de la grande moyenne et du balancier représenté en *G*.   Le pont *e* est fait pour la roue d'échappement *E* et pour l'ancre et la fourchette *F*, dont les pivots inférieurs roulent dans la barette qu'on voit en *b b* Fig. 2, et les pivots dans le pont *e* ainsi que l'indique la gravure.   La roue d'échappement se meut dans l'épaisseur de la platine qui est vuidée pour la roue.   L'ancre engrène dans la roue, et la fourchette de l'échappement se meut au dessus ou dans un plan plus élevé que celui de la

roue. Le balancier G se meut entre le coq et le barillet avec un *jour* suffisant pour pouvoir cheminer librement.
Le coq est de la hauteur du pont b de la grande moyenne.

195. LE PIGNON de la grande moyenne est percé
dans toute sa longueur et concentriquement à la tige et au
pignon même. La roue B Fig. 2 est rivée sur une tige
qui entre à frottement dans le pignon. Cette tige porte
un quarré au dessus du pont b Fig. 1; ce quarré est fixé
à la tige par une goupille qui les traverse. La roue B
Fig. 2 suit donc le mouvement de la grande moyenne.
D Fig. 2 est la roue et le pignon de renvoi, dont le pivot
inférieur entre dans la platine et le supérieur dans le pont
D. La barette a porte une tige au centre de la platine.
La roue C, portant un canon pour l'aiguille des minutes,
est ajustée sur cette tige et tourne librement sur la tige.
La roue de *cadran* ou des heures E porte un canon qui se
meut librement autour du canon de la roue C; la roue E
porte l'aiguille des heures. Par le quarré adapté à la tige
de la roue B on peut mettre la montre à l'heure, comme
cela se pratique ordinairement dans les montres *à la l'Epine.*

196. L'echappement de cette montre est à ancre, comme celui décrit dans le huitième Chapitre; on l'exécutera d'après les principes qui ont été indiqués dans ce même Chapitre. Pour rendre les frottemens plus constants, on ferait bien de faire rouler les pivots de la roue d'échappement, de l'ancre et du balancier en rubis percés. Le spiral doit être très long, d'égale épaisseur dans toute sa longueur et plié dans un grand nombre de tours serrés, au moins de huit à dix tours; par ces moyens il se développera uniformément et ses spires ne seront pas sujettes à *battre* même par les plus grandes vibrations. Le rateau est appliqué au coq, ainsi qu'on le voit Pl. 2, Fig. 6; on pourra employer avec succès le compensateur de Mr. Bréguet, décrit § 73.

197. Le grand ressort doit être assez long pour qu'il puisse donner environ 9 tours autour de l'arbre du barillet; on pourrait le bander de 4 tours, et en faisant le nombre des dents du barillet et des aîles du pignon tel que le barillet fasse $2\frac{1}{2}$ révolutions pendant les 24 heures de marche, on voit qu'il reste encore 2 tours et demi du ressort en repos après que la montre est remontée. Par ce

moyen le ressort aura assez d'égalité dans ses tours d'action; voyez §. 91 et 92.

198. IL CONVIENT que les vibrations de la montre soient assez promptes afinqu'elles puissent mieux résister aux effets du *porter*. Conformément à ce qui a été dit §. 58, nous fixerons le nombre des vibrations à cinq par seconde, et pour cet effet les roues peuvent être nombrées comme suit:

La barillet de . . . . 100 dents.

La grande moyenne de . . . . . . 80 —

La petite moyenne de . . . . 60 —

La roue de secondes de . . . . . 60 —

La roue d'échappement de . . . . 15 —

Les nombres des aîles des pignons doivent alors être comme suit:

Le pignon de grande moyenne de . . . 12 aîles.

Le pignon de pitite moyenne de . . . 10 —

Le pignon de la roue de secondes de . 8 —

Le pignon de la roue d'échappement de 6 —

Les roues de minuterie doivent être d'un grand nombre de dents, pour que le jeu de l'aiguille des minutes

26

deviènne très petit. *B*, *C*, *D* sont chacune de 60 dents; le pignon de renvoi de 6 aîles, et la roue des heures de 72 dents.

199. ON PEUT fixer la platine dans une batte, comme cela se pratique ordinairement dans les montres *à la l'Epine*; la batte doit être assez haute pour que le cadran, qui doit être entièrement plat, puisse appuyer sur le bord élevé de cette dernière, et que la minuterie puisse avoir suffisamment de place, ainsi que la barette et l'enclique-tage, qui sont logés sous le cadran. On couvre le mouvement d'une calotte ou *cuvette*, qui garantit la montre de la poussière; cette calotte est percée de deux trous, dont l'un pour remonter la montre, et l'autre pour mettre les aiguilles à l'heure. On pourrait entrer dans beaucoup de petits détails sur la construction et l'exécution d'une montre, mais cela n'aurait guère d'utilité; car l'ar-tiste horloger sentira facilement ces sortes de choses lui-même, pour peu qu'il soit doué de talent. La forme de la boîte et l'extérieur d'une montre varient suivant la mode et le goût, mais les principes de construction ne sont pas arbitraires, et il ne peut être qu'utile que de les indiquer

Article second. *Plan ou calibre d'une montre à échappement à cylindre en pierre.*

200. Le calibre de cette montre se voit Pl. 17, Fig. 3 et 4; la dernière de ces Figures indique le côté de la platine tourné vers le cadran, et la Fig. 3, le côté qui porte les roues et les ponts des roues. Cette montre est sans secondes, marquant seulement les heures et les minutes. L'échappement en est à cylindre en pierre comme celui décrit §. 141 et suivans. *A* est le barillet disposé comme celui décrit dans l'Article précédent. *B* est la grande moyenne; *C* la petite moyenne; *D* la roue de champ, et *E* la roue à cylindre, faite en acier. *H* est le balancier, et *G* le coq fixé à la barette *F*, à laquelle est fixée par une vis et deux pieds la petite potence portant le pivot inférieur du balancier ou du cylindre; voyez Pl. 7 Fig. 5.

201 La Fig. 4 fait voir la barette *a a* pour le barillet et la barette *e* pour le pivot de la roue à cylindre *E*. *B*, *C*, *D* et *F* sont les roues de minuterie, dont *B* se meut autour d'une tige à portée fixée à vis dans la ba-

rette *a a* au centre de la platine. La Fig. 3 indique la position des différens ponts, tels que *a*, *b*, *c*, *e*, &c.

202. LES NOMBRES des dents des roues sont comme suit :

Le barillet de . . . . 100 dents.
La grande moyenne . . . . . . 72 —
La petite moyenne de . . . . 64 —
La roue de champ de . . . . . 60 —
La roue d'échappement de . . . 12 —

Les nombres des aîles des pignons:

Le pignon de grande moyenne de . . 10 aîles.
Le pignon de petite moyenne de . . . 8 —
Le pignon de la roue de champ de . . 8 —
Le pignon de la roue d'échappement de 6 —

Par ce moyen les vibrations seront de 17280 par heure.

203. LE PIGNON de grande moyenne est percé suivant sa longueur, et la tige qui porte la petite roue *C* de minuterie y entre à frottement, comme dans la montre décrite dans l'Article précédent. La montre doit être pourvue d'une calotte ou cuvette; elle est à remonter par

le fond, et on peut mettre les aiguilles à l'heure par un quarré adapté à la tige de la roue de minuterie *C*; ce quarré passe par le trou percé à la calotte.

204. LES VIBRATIONS de cette montre ne se feront pas dans de si grands arcs, que celles de la montre précédente; elles ne pourraient guère être de plus que de 300°. Cependant, en faisant 17280 vibrations par heure, le balancier aura une quantité de mouvement assez grande pour pouvoir résister aux effets du *porter*.

205. QUANT au nombre de dents des roues de minuterie, on peut suivre les mêmes nombres qui ont été indiqués §. 198, en observant de former les engrenages de manière que l'aiguille des minutes n'ait qu'un jeu insensible. Il est au reste indifférent que les 3 roues *B*, *C* et *D* soient d'un nombre de dents égal et d'une grandeur égale. On pourrait faire la roue de renvoi d'un diamètre d'un tiers plus grand que celui des roues *B* et *C*; alors le nombre des dents de *B* et *C* pourrait être de 60 chacune, et la roue *D* de 90 dents. *D* ne ferait alors que 8 révolutions dans 12 heures, et en faisant le pignon de renvoi de 8 aîles, la roue des heures devrait être de 64

dents. Par ce moyen le pignon de renvoi pourra former un bon engrenage avec la roue des heures, ce qui est difficile à obtenir quand le pignon est de 6 aîles et la roue de 72 dents, comme dans la montre décrite dans l'Article précédent.

206. ON POURRAIT faire usage dans cette montre de la compensation simple par le spiral, suivant la méthode de Mr. BREGUET, voyez §. 73. Quant au spiral on observera ce qui a été dit dans le §. 196.

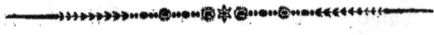

CHAPITRE QUATORZIEME.

Plan ou Calibre d'une montre à échappement à *ressort* ou à *cercle*, à secondes, minutes et heures concentriques, dont l'aiguille à secondes fait deux battemens par seconde.

_____

207. ON PEUT envisager l'échappement libre à *cercle* ou à *ressort* décrit §. 153 et §. suivans, comme un excellent échappement qui contribue beaucoup à la régularité de marche d'une montre. L'exécution n'en est pas très difficile, et en nombrant les mobiles de manière que le balancier fasse quatre vibrations par seconde, ou ce qui revient au même, 240 vibrations par minute, l'aiguille des secondes fera naturellement deux battemens par seconde, ce qui devient en même temps agréable à l'œil, et utile pour les observations. Suivant ce que nous avons déjà remarqué à la fin du Chapitre VIII, on sait qu'une montre à échappement à ressort se laisse fortement arrêter *au doigt*, et que le balancier, une fois en repos, ne peut recommencer ses vibra-

tions par l'action du rouage, comme dans les montres ordinaires.   Par cette raison, une montre à échappement à
ressort ne doit pas être exposée à des mouvemens circulai-
res dans le plan du balancier, ce qui pourrait anéantir pour
un moment le mouvement du balancier, et la montre re-
sterait arrêtée.   On doit donc se conformer à cela, soit
en remontant la montre, soit en la sortant du gousset.
Ayant exécuté plusieurs montres exactement comme celle
décrite ici, dont la marche a été très régulière, je puis
assurer avec certitude la supériorité de ces montres, tant
pour l'exactitude, que pour l'exécution qui est sûre et pas
trop difficile.

     208. LES FIGURES 5 et 6 représentent le calibre
de cette montre. *M* Fig. 5 indique la grande platine, et
a a a les piliers qui portent la petite platine, fixée par trois
vis qui entrent dans les piliers.   La grande platine a deux
noyures, dont l'une au centre pour la roue de secondes,
et l'autre excentrique pour la roue de minutes ou la grande
moyenne.   Celle pour la roue de secondes est plus profonde que celle pour la roue de minutes, de sorte que la
roue de minutes va au dessus de la roue de secondes, et

presqu' *à fleur* de la platine. Les deux roues doivent avoir assez de *jour* pour que rien ne puisse empêcher ou gêner leur mouvement libre. Le barillet *A* n'a que le jour nécessaire avec la grande platine, et la partie qui contient le couvercle, se meut dans une noyure assez profonde, faite dans la petite platine pour laisser plus de hauteur au barillet, et pour avoir un ressort plus large. La petite moyenne *C* se meut au dessus de la grande moyenne, et engrène dans le pignon de la roue de secondes, un peu au dessus des dents du barillet *A*; c'est à dire les aîles du pignon de secondes doivent se trouver dans l'espace entre les dents du barillet et la petite platine. Le pignon de la grande moyenne est percé suivant sa longueur, et concentriquement au pignon même. Le pivot ou la tige du pignon de secondes du côté du cadran est assez longue pour pouvoir passer le cadran, et pour qu'on puisse y appliquer l'aiguille des secondes qui se meut au dessus des aiguilles des minutes et des heures.

209. *F, E, G, L* sont les pièces qui composent l'échappement; *E* est la roue d'échappement; *G* le ressort d'échappement et *L* le balancier. *H* est une vis pour ap-

27

procher ou éloigner le ressort *G* du centre du balancier suivant le besoin.　La vis *K* tient le ressort d'échappement
faiblement bandé et fixe en même temps sa position.　Le
pivot supérieur de la roue d'échappement roule dans le
pont *e*, et le pivot inférieur dans la barette *E* Fig. 6.

　　210.　Dans la Fig. 6 on voit l'encliquetage du barillet; *A*, *B*, *C* sont les roues qui font mouvoir l'aiguille
des minutes, et *D* est la roue des heures engrenant dans le
pignon de renvoi de la roue *C*.　Le pivot supérieur du
pignon de renvoi roule dans le petit pont *e*; le pivot inférieur roule dans la platine même.　La tige que porte
la petite roue *B*, entre à frottement dans le trou percé
dans le pignon de grande moyenne; on applique à cette
tige un quarré du côté de la petite platine; le quarré est
fixé à la tige par une goupille qui traverse et le quarré
et la tige.

　　211.　Pour que l'aiguille des secondes fasse deux
battemens par seconde, le nombre des vibrations dans une
heure doit être de 14400.　Pour cet effet les roues peuvent être taillées avec le nombre de dents suivant:

Le barillet de . . . . 90 dents.

La roue de minutes ou grande moyenne de 80 —

La petite moyenne de . . . . 60 —

La roue de secondes de . . . . 60 —

La roue d'échappement de . . . . 14 —

Et les pignons comme suit:

Le pignon de minutes de . . . . 10 aîles.

Le pignon de petite moyenne de . . . . . . 10 —

Le pignon de secondes de . . . . 8 —

Le pignon de la roue d'échappement de . . . 7 —

Le nombre de vibrations de 14400 par heure n'est pas si favorable pour résister aux effets du mouvement du *porter*, que le nombre de 18000; mais cette sorte de montres étant particulièrement destinée aux observations, on doit avoir soin de ne pas l'exposer à des mouvemens trop violens, et par ce moyen la vîtesse du balancier sera suffisamment grande, ainsi que j'en ai été convaincu par l'expérience. D'ailleurs, par la nature et la grande liberté de cet échappemeut, on peut faire décrire des arcs de vibrations au balancier de passé 360° même jusqu'à 480°.

ce qui rend la vîtesse du balancier très grande, et produit en même temps une grande quantité de mouvement.

212. LE RESSORT d'échappement doit avoir assez de force et d'élasticité, pour pouvoir promptement s'engager dans les dents de la roue d'échappement, après avoir été dégagé par l'action du balancier; si non, le jeu de l'échappement ne serait pas sûr, et la dent de la roue d'échappement, au lieu d'être arrêtée par le talon d'arrêt du ressort, pourrait tomber contre le cercle d'échappement, ce qui occasionnerait un frottement, capable d'anéantir totalement le mouvement du balancier, ou de troubler entièrement la régularité de la marche de la montre. Cette force du ressort d'échappement, occasionne une assez grande résistance au balancier dans le moment qu'il doit dégager le ressort de la roue d'échappement; il convient donc que le balancier ait une très grande quantité de mouvement, pourque la résistance du ressort d'échappement devienne la plus petite possible, comparativement à la quantité de mouvement du balancier, et que la liberté des oscillations soit aussi peu troublée que possible. Pour cet effet le balancier doit être pesa t et grand, ce qui exige en même temps

une force motrice d'autant plus grande, que le balancier
doit décrire de très grands arcs de vibrations. Il serait
inutile de chercher à faire des montres à échappement à
ressort dont le ressort moteur soit faible; on serait sûr
de ne jamais bien réussir.

213. UN BALANCIER pesant rend la montre plus
difficile à régler dans les différentes positions. Dans la
position horizontale les pivots du balancier éprouvent un
moindre frottement, puisque le frottement n'a lieu que presque contre le bout du pivot qui porte le balancier; si
la montre était réglée dans la position verticale, elle avan-
cerait dans la position horizontale; dans la position verticale,
au contraire, le frottement aux pivots du balancier augmente, puisque les pivots frottent suivant toute leur longueur
contre les parois des trous, et la montre, supposée réglée
verticalement, retardera. Cette variation dans le frottement
aux pivots du balancier, suivant les différentes positions, est
d'autant plus grande si le balancier est pesant, comme on
le sent aisément. Si la montre restait toujours dans la
même position, on pourrait la régler facilement; mais si elle
se trouvait tantôt dans la position verticale, tantôt dans la

position horizontale, il serait indispensable de la disposer de manière que le changement des positions ne pût y influer, à quoi on parviendra en mettant le balancier convenablement hors d'équilibre. Le balancier vibrant plus lentement dans la position verticale, il convient de le mettre hors d'équilibre de manière que la partie supérieure du balancier devienne plus légère. La partie inférieure deviendra par ce moyen plus pesante, et les vibrations s'achèveront plus vîte; car la gravité de la partie inférieure du balancier dans la position verticale, tendra à accélerer les vibrations. On peut pour cet effet faire usage d'une petite vis au balancier, telle que la vis *m* Fig. 5. Cette vis est appliquée à la partie inférieure du balancier, qui doit être mis en parfait équilibre avec la vis, avant qu'on s'occupe à régler la montre dans les différentes positions. La montre étant remontée et prête à marcher, on éprouve sa marche dans la position horizontale, et on la régle dans cette position. Après on observe sa marche dans la position verticale, et si elle retarde, on éloigne un peu la vis du centre du balancier; par ce moyen la partie inférieure devient plus pesante, et on observe de nouveau sa marche.

Si elle retarde encore, on continue à éloigner la vis du centre du balancier jusqu'à ce qu'elle ne retarde plus. Ce n'est guère qu'après avoir répété ces expériences plusieurs fois qu'on parvient à régler la montre dans les diverses positions. On pourrait de même placer la vis dans la partie d'en-haut du balancier, mais alors il faudrait l'approcher du centre du balancier, pourque la partie d'en-bas devînt plus pesante, et on parviendrait de même à régler la montre dans les deux positions.

214. IL CONVIENT que les pivots du balancier de ces montres roulent dans des rubis percés; la quantité de mouvement du balancier étant des plus grandes, des trous en or ou en cuivre seraient exposés à trop s'aggrandir. On fait bien de faire une petite fente dans les pointes des dents de la roue d'échappement, où l'huile pourrait se loger. Le talon d'arrêt du ressort d'échappement doit être trempé le plus durement possible, ainsi que le cercle d'échappement; sans ce soin l'échappement est vîtement détruit. La petite dent ou la levée sur l'axe du balancier, qui dégage le ressort d'échappement de la roue, peut être exécutée en

acier et trempée dure. En y faisant une fente convenable, l'huile s'y conservera mieux.

215. La montre s'approcherait plus de la perfection, si les pivots de la roue d'échappement rou-
laient en rubis percés, et si on faisait la roue d'échappement en acier.; le talon d'arrêt du ressort d'échappement
devrait alors être de pierre dure et bien polie, et l'entaille
dans le cercle d'échappement devrait être couverte d'une
palette en pierre. La levée ou la petite dent sur l'axe du
balancier devrait de même être en pierre dure. Par ce
moyen les différentes parties de l'échappement ne pourraient
s'user, le frottement ne pourrait augmenter, et l'huile se
conserverait en même temps plus pure.

216. Il est indispensable de faire usage d'un spiral très long, qui se développe uniformément, à cause des
grandes vibrations du balancier; sans cette précaution les
spires pourraient s'attoucher pendant les vibrations; on sait
d'ailleurs qu'un spiral long occasionne moins de frottement
aux pivots du balancier, puisque le travail se fait plus concentriquement aux pivots, que le travail d'un spiral court.
Le chaud et le froid ayant plus d'influence sur un spiral

long, que sur un spiral court, cette montre est sujette à
une assez grande variation par le changement de température. Il convient, par conséquent, d'employer une compensation, qui puisse, du moins en partie, corriger l'influence nuisible de la température. J'ai employé avec
succès le compensateur décrit §. 74 et représenté Pl. 19
Fig. 2. Le calibre de cette montre étant tel, qu'il y a
assez d'espace entre le balancier et 'le coq, rien n'empêche de faire usage de ce compensateur simple. On pourrait de même faire usage d'un balancier à compensation,
qui corrigerait encore mieux les effets de la viariation de
la température; mais si la montre n'est pas destinée à un
usage qui exige la plus rigoureuse précision, le compensateur simple sera plus que suffisant. Je remarquerai encore qu'il convient que la montre puisse être remontée par
le fond, et qu'elle soit pourvue d'une *cuvette* qui puisse la
garantir de la poussière. La cuvette doit être percée
pour le passage du quarré à remonter et du quarré pour
mettre les aiguilles à l'heure. Il est très utile de faire
exécuter la boîte de manière, qu'elle soit fermée du côté
du cadran, et que le possesseur ne puisse ouvrir que le

28

fond.   Sans cette précaution les aiguilles seraient exposées à être derangées, ainsi que cela m'est arrivé plusieurs fois par le peu de soins des possesseurs.   On pourrait entrer encore dans beaucoup de détails sur la construction de ces montres; mais l'artiste horloger sentira de lui-même ce que j'ai cru inutile de remarquer dans cette description.

CHAPITRE QUINZIEME.

Plan d'une horloge ou montre marine à échappement libre à force constante.

***

ARTICLE PREMIER. *Des horloges ou montres marines en général.*

217. LA GRANDE justesse d'une montre marine dépend de la parfaite égalité dans l'étendue des arcs de vibrations du balancier, et de l'exacte compensation des effets du chaud et du froid. Dans les montres marines, telles qu'on les exécute ordinairement, l'égalité dans l'étendue des arcs de vibrations n'est obtenue que par la grande perfection des engrenages, la plus grande égalité dans l'action de la force motrice, et par des frottemens rendus aussi constans que possible. Cependant, malgré tous les soins possibles, les vibrations du balancier deviennent plus petites après quelques mois de marche. Le grand ressort se rend toujours un peu, les frottemens du rouage augmentent toujours de quelque chose, tant par l'usure des différentes parties, que

par la coagulation des huiles, et le régulateur reçoit toujours des impulsions moins fortes, à mesure que ces chan-
gemens ont lieu.　　　Il est bien vrai qu'on peut parvenir à
rendre ces variations très petites, en exécutant les différentes parties de l'horloge avec tous les soins possibles, mais
néanmoins on ne peut rémédier entièrement au mal par ces
moyens.　　　D'ailleurs, il convient que l'exactitude d'une
horloge marine dépende plutôt des principes de construction, que d'une exécution trop recherchée, qui, malgré
tous les soins possibles, laisserait toujours encore quelque
chose à desirer.　　　Je crois que l'échappement libre à force
constante, exécuté dans les principes, contribuera puissamment à la régularité d'une horloge marine, les inégalités
dans l'action du rouage ne pouvant influer sur le régulateur.　　　Je communique ici le plan d'une horloge marine
pourvue de l'échappement libre à force constante de ma
composition, tel que je l'ai décrit Chap. 10; on se ressouviendra que je ne me suis pas encore vu dans la possibilité d'exécuter cet échappement, et que ceci ne doit être
envisagé que comme une proposition faite aux Artistes.
Au reste, je ne prévois rien qui puisse empêcher le jeu de

cet échappement, et troubler la régularité que j'en attends. J'ai cru devoir me dispenser de donner ici la description d'une montre marine, telle qu'on les exécute ordinairement à échappement à *ressort* ou à cercle. Dans les ouvrages de Mr. BERTHOUD on trouvera la description d'un grand nombre d'horloges ou montres marines de ce genre et cela dans le plus grand détail.

ARTICLE SECOND. *Calibre ou plan d'une horloge ou montre marine à échappement libre à force constante.*

218. LE CALIBRE de cette montre marine est tracé à la Pl. 18 Fig. 1, qui représente la grande platine; *a a a a* sont les quatre piliers qui portent la petite platine; *A* est le barillet; *B* la fusée; *C* la roue de minutes ou la grande moyenne; *D* la petite moyenne et *E* la roue de secondes. La roue *C* porte l'aiguille des minutes, comme aux montres ordinaires, et la roue *E* porte l'aiguille des secondes par le moyen d'une tige de longueur convenable, faite au pignon. *F* représente la roue d'échappement. *G* est un cliquet qui fait partie du méchanisme qui fait mar-

cher la montre pendant qu'on la remonte. Le ressort g presse toujours le cliquet G dans une direction contre le centre de la fusée. En Fig. 2 on voit la petite platine du côté qui porte les différentes pièces qui composent l'échappement. b b b b sont les vis qui fixent la petite platine à la grande platine et ces vis entrent dans les piliers. On voit en m la roue d'échappement; le pivot inférieur roule dans la grande platine et le pivot supérieur dans le pont F, posé sur la petite platine. Le ressort d'impulsion, en forme de spiral, remonté par la roue d'échappement, par le moyen de la pièce h, est fixé à une tige, dont le pivot inférieur roule dans la petite platine, et le pivot supérieur dans le pont C. La pièce d'impulsion d, qui agit sur le balancier est fixée à la tige du spiral d'impulsion; k est la détente-ressort qui tient bandé le ressort d'impulsion n, après l'action de la roue d'échappement. La pièce e suspend le mouvement de la roue d'échappement, et le ressort f agit continuellement contre cette pièce, dans une direction qui tend à l'éloigner du centre de la roue. La pièce e se meut autour de deux pivots, dont l'un roule dans la platine et l'autre dans le pont

D.   Le balancier *a a c c* est à compensation comme celui décrit §. 76.   Le pivot inférieur du balancier peut rouler dans la petite platine, ou, encore mieux, dans un pont, appliqué à cette platine entre la cage; le pivot supérieur roule dans le coq.   *H* est le quarré à remonter.

219. La Figure 3 Pl. 18 représente l'horloge en profil, de manière qu'on puisse voir le rouage entre les deux platines, et les parties de l'échappement appliquées sur la petite platine.   *A A* est la grande platine; *a a a* les trois piliers, (le quatrième n'est pas représenté); *b* est la fusée; *d* le pignon de grande moyenne, dont la roue se meut dans une noyure faite au centre de la grande platine; *f* est la petite moyenne avec son pignon; *k* est le pignon et la roue de secondes; *c* est le pignon de la roue d'échappement *C*.   On voit en *r* le pignon de chaussée, qui porte l'aiguille des minutes; *u* est la roue et de pignon de renvoi, et *v* la roue des heures ou de cadran portant l'aiguille des heures.   *o* indique l'aiguille des secondes, appliquée à la tige ou au pivot prolongé du pignon de secondes.   *B B* est la petite platine qui porte le ressort d'impulsion *h*, avec les différentes pièces fixées à l'axe auquel ce

ressort est appliqué. *F* représente le balancier, et *g* est la pièce qui reçoit les impulsions. *E e* est le coq, et *H* le ressort cylindrique qui règle la montre. *K* est le quarré à remonter.

Les nombres des dents et des aîles des roues et des pignons, et la description du méchanisme qui fait marcher l'horloge pendant qu'on la remonte.

220. Le ressort moteur doit au moins faire 8 tours autour de l'arbre, et la fusée doit avoir 6 tours de chaîne; par ce moyen le ressort ne sera pas dans un état trop forcé et il y aura suffisamment de tours en repos.

Les nombres des dents des roues peuvent être comme suit:

La roue de fusée de . . . . 96 dents.

La roue de minutes de . . . . 90 —

La roue de petite moyenne de . . 80 —

La roue de secondes de . . . . . . 80 —

La roue d'échappement de . . . . 15 —

Et les nombres des aîles des pignons;

Le pignon de minutes de . . . . 16 aîles.

Le pignon de petite moyenne de . . . 12 aîles.

Le pignon de secondes de . . . . . . 10 —

Le pignon de la roue d'échappement de 8 —

Par ces nombres les vibrations du balancier seront de 240 par minute, ou de 14400 par heure; l'aiguille des secondes fera deux battemens par seconde. La minuterie peut être nombrée comme suit: le pignon de chaussée de 12 aîles et le pignon de renvoi de 16 aîles; la roue de renvoi de 48 dents, et la roue des heures de 48 dents.

221. Le nombre de 14400 vibrations par heure convient mieux à cet échappement que le nombre de 18000, car le jeu s'en fera plus sûrement puisque les différentes parties de l'échappement ont plus de temps à se mettre en repos après les effets. La vîtesse du balancier sera assez grande pour résister pleinement aux agitations du vaisseau, d'autant plus que le mouvement circulaire du vaisseau ou le mouvement dans le plan horizontal est très petit en comparaison du mouvement du balancier.

De l'exécution de cette montre marine.

222. La compensation des effets du chaud et du froid se fait par le balancier, ainsi que nous l'avons expliqué Chapitre III §. 76 et suivans. Plusieurs Artistes exécutent les balanciers à compensation avec trois bras et trois lames composées. Ceci peut être assez indifférent. Dans une horloge qui se trouve toujours dans la position horizontale, je préférerais cependant les balanciers à deux croisées; dans les montres à balancier à compensation, au contraire, qui sont souvent dans la position verticale, il pourrait être préférable d'avoir des balanciers à trois croisées, car ils sont moins sujets à perdre leur équilibre par le chaud et le froid, qui par leur effet pourraient ne pas éloigner ou approcher également toutes les masses compensatrices du centre du balancier.

Méchanisme de la fusée pour que l'horloge marche pendant qu'on la remonte.

223. La Planche XVIII Fig. 4 représente la roue de fusée, portant au centre le canon qu'on voit en *a*. La roue est creusée intérieurement pour qu'on puisse y loger le ressort représenté en Fig. 5; ce ressort porte les gou-

pilles *b* et *c* à ses extrêmités.　　La Fig. 6 représente un rochet, dont la circonference *d e* est pourvue de dents inclinées dans la direction du mouvement de la fusée.　　Ce rochet porte un cliquet pressé par un ressort dans une direction contre le centre, voyez *f g*.　　La Fig. 7 fait voir la fusée avec le rochet *h*, dont les dents sont inclinées comme à l'ordinaire.　　La goupille *c* du ressort en Fig. 5 entre juste dans un trou percé à la roue de fusée; la goupille *b* entre avec son bout inférieur juste dans un trou percé dans le rochet *d e*, tandis que le bout supérieur de la goupille est logé dans un trou quarré et long fait dans la roue de fusée; ce trou doit avoir à peu près deux lignes et demi de longueur dans une roue de la grandeur de la Fig. 4.　　Pour rassembler les différentes parties de la fusée, ou pour la remonter, on place d'abord le ressort auxiliaire dans la roue; puis on applique contre la roue le rochet *d e* Fig. 6, après quoi on applique la fusée contre ces pièces. Une virole chassée sur l'axe de la fusée empêche la roue et le rochet *d e* de s'écarter de la fusée, sans gêner cependant leur mouvement libre, ainsi que cela se pratique communément dans les montres.

224. En Fig. 1 Pl. XVIII on voit le cliquet *G*
et le ressort *g*, agissant contre ce cliquet, qui résiste aux
dents du rochet *d e* Fig. 6, ainsi qu'on le voit en Fig. 1.
Par ce moyen, on conçoit qui le ressort moteur, agissant
par la chaîne sur la fusée, tendra ou bandera le ressort
auxiliaire placé dans la fusée, et que ce ressort restera
toujours dans un état bandé pendant que l'horloge marchera;
pendant qu'on remonte l'horloge l'action du ressort moteur
sur le rouage est suspendue, mais le rochet *d e* Fig. 6,
qu'on voit aussi en Fig. 1 est retenu par le cliquet *G*, de
manière que le ressort auxiliaire agit sur la roue de fusée
par la goupille *c*, et en se débandant il entretient la marche
de l'horloge.   On sent que le ressort auxiliaire doit avoir
assez de force pour pouvoir entretenir la marche de
l'horloge; et que s'il était trop faible l'effet desiré n'aurait
pas lieu.

225. La justesse de cette montre marine dépend
presqu'entièrement de l'échappement; c'est donc à cette partie qu'il convient de porter tous les soins possibles, plutôt
qu'au rouage.   On peut se dispenser de faire rouler les
pivots du rouage en pierre, ainsi que nous l'avons dit;

l'augmentation du frottement du rouage ne pourra nullement influer sur le régulateur. Quant à l'échappement il
convient de l'exécuter en matières aussi peu destructibles que
possible, et, pour cet effet, on se conformera à ce qui a
été dit §. 170.

226. IL EST préférable d'employer un ressort spiral cylindrique à cette montre, ainsi que nous le verrons
dans la suite; on peut l'exécuter en acier, comme à l'ordinaire.

De la suspension de cette montre marine.

227. ON PEUT ajuster le mouvement de l'horloge dans une boîte ou tambour en laiton, tel que l'indique *A* Fig. 8, et l'y fixer par des vis. Le couvercle qui
porte le verre, pourrait être fixé au tambour par une char-
nière; par ce moyen on pourra facilement mettre les aiguilles à l'heure. Le fond du tambour est percé pour le
passage du quarré à remonter l'horloge.

228. ON EMPLOYERA la suspension ordinaire pour
que l'horloge puisse constamment être dans la position horizontale. Cette suspension se voit en Fig. 8. Le tam-

bour *A* est porté par le cercle *B* par le moyen des deux pivots *b b*. Le cercle *B* est porté par la caisse *E* par les pivots *C*, *C* diamètralement opposés, et dont on ne voit que l'un dans la gravure. La caisse est pourvue d'une glace dans le couvercle pour qu'on puisse voir l'heure sans l'ouvrir. Pour remonter la montre on renverse le tambour, le fond sera en haut, et on pourra sans difficulté la remonter. On ferait bien d'exécuter la clef à remonter de manière qu'on ne puisse forcer l'encliquetage de la fusée en remontant l'horloge à rebours; pour cet effet on applique dans l'intérieur de la clef un encliquetage.

CHAPITRE SEIZIEME.

De l'isochronisme des vibrations du balancier; de la
manière de régler les horloges ou montres marines, et des épreuves pour rendre la
compensation exacte.

ARTICLE PREMIER. *De l'isochronisme des vibra-*
tions du balancier.

229. LA CONSTANTE justesse de la marche d'une
Horloge marine dépend nécessairement de *l'isochronisme* ou
de l'égale durée des vibrations du balancier.   Dans les
horloges à échappement *à force constante* les vibrations seront naturellement isochrones, car *l'étendue des arcs de vi-*
brations restant constamment la même, la durée des vibra-
tions ne peut varier et par ce moyen on parvient à l'isochronisme par la nature de l'échappement *). Les agitations

*) On suppose ici qu'on ait rendu le frottement des pivots du balancier
constant, que les pivots soient d'un petit diamètre, durs, bien polis, et qu'ils roulent dans des rubis percés, propres à diminuer et
à rendre constant le frottement et à la conservation de l'huile.

auxquelles les horloges marines sont exposées ne sont par assez fortes pour changer très-sensiblement l'étendue des arcs de vibrations, surtout si la disposition de l'horloge est telle que les vibrations soient promptes. D'ailleurs, en supposant même que l'étendue des arcs de vibrations augmenteraient ou diminueraient de quelque chose par ces agitations, cela ne pourrait avoir aucune influence sensiblement nuisible à la régularité de la marche de l'horloge, premièrement parceque les arcs ne pourraient varier entr'eux que très peu, et secondement parceque les petites variations insensibles qui pourraient avoir lieu dans la durée des vibrations plus ou moins grandes se compenseraient au plus près entr'elles. Dans les horloges marines à échappement *à ressort* ou *à cercle*, au contraire, les variations dans la force motrice, dans les frottemens, et la coagulation des huiles aux pivots du rouage influent sur l'étendue des vibrations du balancier, qui diminuent à mesure que l'horloge marche; par conséquent il serait bon d'employer un moyen par lequel on pourrait rendre les vibrations plus ou moins grandes, isochrones, de sorte que la diminution des arcs de vibrations, causée par les frottemens et les huiles n'influât point sur la régularité et la durée des vibrations.

230. On peut suivant ce qui a été dit §. 83 parvenir à l'isochronisme des vibrations du balancier par le spiral*). Ce n'est qu'après que l'horloge est remontée et entièrement en état de marcher, qu'on peut faire les épreuves de l'isochronisme du spiral et s'assurer que la nature du spiral est telle que les grandes et les petites vibrations s'achèvent dans un temps égal. En augmentant la force motrice de l'horloge par l'action d'un poids suspendu à une

---

*) C'est à Mr. *Ferdinand Berthoud* qu'est due la découverte du spiral *isochrone*, et c'est à ses ouvrages qu'il faut avoir recours pour connaître la théorie sur laquelle est fondée l'isochronisme obtenu par le spiral. Voyez son *Traité des horloges marines*; le *Suplément au Traité etc.*

Voici comme l'Auteur *de l'histoire de la mesure du temps par les horloges* s'exprime à cet égard: "Une découverte importante "pour la constante justesse des horloges et des montres à longitu-"des est celle de l'isochronisme des oscillations du balancier par le "spiral: cette découverte est uniquement due à Ferdinand Ber-"thoud; il en a prouvé le principe et établi la théorie dans son "Traité des horloges marines: il avait annoncé cette recherche "dans l'Essay sur l'horlogerie: et si cette découverte n'a pas été "autant célébrée que la cycloïde, elle a eu, plus que celle-ci, "l'avantage d'être généralement adoptée et suivie."

30

corde, et agissant autour d'une poulie sur le quarré de la fusée, dans la direction de son mouvement pendant la marche de l'horloge, les vibrations du balancier seront plus
grandes. Si, au contraire, ce poids agit dans une direction contraire à celle du mouvement de la fusée, la force
motrice diminuera, et les vibrations du balancier auront
moins d'étendue; par ce moyen on peut donc sans trop
de difficulté augmenter ou diminuer les arcs de vibrations à volonté et de la quantité qu'on trouve nécessaire.
Afin de connaître la qualité isochrone ou non isochrone
du spiral, on laisse marcher l'horloge pendant l'espace
de quelques heures, sans augmentation ou diminution de
force motrice et on remarque sa marche, soit que l'horloge
avance, soit qu'elle retarde ou qu'elle suive la pendule
astronomique. Après on augmente la force motrice par
le moyen ci-dessus indiqué; les arcs seront plus grands et
on laisse marcher l'horloge dans le même espace de temps
que pendant la première expérience: on note de nouveau
la marche de l'horloge. Puis on diminue la force motrice, les arcs deviendront plus petits, on note encore
la marche de l'horloge dans un temps égal à celui des deux

expériences précédentes. Si on trouve que la marche pendant les grandes et les petites vibrations, est égale à celle pendant les vibrations naturelles ou non forcées, le spiral est isochrone; si, au contraire les grandes vibrations ou les petites vibrations sont plus ou moins promptes, que les vibrations naturelles ou non forcées, ou ce qui revient au même, que l'horloge avance ou retarde, ou par les grandes ou petites vibrations, il est évident que le spiral n'est pas isochrone, et on doit alors chercher à le rendre tel. On observera que quand l'horloge est exécutée avec soin, et qu'on a employé les moyens propres à rendre les frottemens constants, les arcs de vibrations ne peuvent pas beaucoup diminuer, même après quinze ou vingt mois de marche, et il suffit alors de faire les épreuves pour l'iso-chronisme par des arcs de vibrations augmentés ou diminués de 10 à 15 degrés.

231. Nous savons par les expériences et le prin-cipe établi de Mr. BERTHOUD, qu'on peut parvenir à l'iso-chronisme par le moyen d'un *spiral plus ou moins long.* Un spiral très court rend les grandes vibrations plus promp-tes que les petites; un spiral très long, mais au reste de

même force que le spiral court, rend au contraire les grandes vibrations plus lentes que les petites. Donc, il est évident qu'on peut trouver entre les deux termes une longueur dans le spiral qui rende les plus ou moins grandes vibrations d'égale durée ou isochrones. Si les grandes vibrations sont moins promptes que les petites, on peut rémédier à ceci en raccourcissant le spiral. Si le contraire a lieu, on est obligé d'appliquer à l'horloge un spiral plus long.

232. Mr. BERTHOUD nous apprend de même qu'un spiral d'un grand nombre de tours serrés est plus propre à l'isochronisme qu'un spiral de même longueur mais d'un plus petit nombre de tours moins serrés, et cela parceque la force ascendante pendant les vibrations agit par les inflexions du spiral sur des leviers plus égaux entr'eux. D'où il suit: que *les spiraux à boudin ou cylindriques sont plus propres à l'isochronisme, que les spiraux dont les spires sont dans un même plan.* On sait que les spires du spiral cylindrique sont également éloignées du centre du balancier; par conséquent, le mouvement des spires s'opère par des leviers sensiblement égaux entr'eux, et la progression de la force ascendante du spiral pendant les vibrations

se fera dans une progression plus arithmétique. Outre qu'il est plus facile de parvenir à l'isochronisme par le spiral cylindrique, ce spiral présente d'autres avantages, qui ont été remarqués §. 83. Quant à l'exécution, il est encore préférable, car l'artiste horloger pourra le faire lui-même avec facilité et pourra sans trop de difficulté le tremper tout plié, opération très difficile dans l'exécution des spiraux ordinaires.

233. Le moyen d'obtenir encore plus facilement l'isochronisme des vibrations d'inégale étendue, consiste à faire décrire de très grands arcs au balancier. Par les expériences de Mr. Berthoud, nous savons qu'un changement d'un certain nombre de degrés dans l'etendue des grands arcs de vibrations ne cause pas tant de variation dans la marche de l'horloge, que ce même changement, dans les vibrations moins grandes. Par le moyen de l'échappement libre à ressort il est facile de faire décrire 360 degrés au balancier, moyen qui produit une grande quantité de mouvement au balancier, et qui rend en même temps le balancier propre à mieux résister aux effets des agitations de l'horloge.

234. SUIVANT la théorie et les expériences de Mr. BERTHOUD, le spiral isochrone conservera cette propriété malgré l'augmentation et la diminution du poids du balancier, et malgré le changement de son centre d'oscillation. On peut donc, sans déranger cette qualité du spiral, diminuer ou augmenter les masses réglantes et compensatrices du balancier. Par ce moyen il n'est nécessaire de s'occuper de régler l'horloge qu'après avoir obtenu l'isochronisme du spiral, et on pourra éloigner et approcher les masses réglantes du centre du balancier sans crainte de rendre le spiral non-isochrone.

235. PAR ce qui précède, on voit qu'on peut parvenir à l'isochronisme, ou en construisant l'horloge de manière, que les vibrations restant toujours sensiblement d'égale étendue, ne puissent varier en durée, ou en suivant la méthode de Mr. BERTHOUD, en rendant le spiral isochrone. Dans les horloges pourvues d'un échappement libre à force constante comme celui décrit Chapitre IX §. 161, il est évident que les vibrations seront toujours d'égale étendue; dans l'horloge de ma composition, proposée dans le Chapitre X les vibrations resteront aussi d'égale étendue, et les vibrations seront nécessairement isochrones. Il est vrai, qu'en supposant que le frottement aux pivots du balancier vînt à augmenter; les vibrations ne seraient plus d'égale étendue et non plus d'égale durée; mais en faisant les pivots durs, bien polis et d'un petit diamètre, en employant des rubis percés et bien polis, et en faisant usage de la meilleure huile, il n'est pas à craindre que le frottement puisse si tôt augmenter assez pour changer sensiblement l'étendue des arcs de vibrations. D'ailleurs, en supposant même le spiral isochrone, l'augmentation du frottement aux pivots du balancier influerait également sur la durée des vibrations, et malgré la qualité isochrone du spiral, les vibrations deviendront toujours plus lentes ou d'une plus grande durée, si le frottement aux pivots du balancier vient à augmenter, soit par l'usure des pivots, soit par l'épaississement de l'huile aux pivots.

J'envisage donc l'échappement à force constante comme un excellent moyen pour parvenir à une grande régularité de marche d'une horloge par un travail sûr et sans tatonnement, et sans qu'on soit obligé de s'arrêter aux épreuves de l'isochronisme du spiral. Cependant il ne

peut être qu'utile de faire usage d'un spiral long et cylindrique, moyen qui contribue, comme nous l'avons dit;
à la propriété isochrone du spiral, et qui rend en même
temps le balancier plus libre. Je répéterai que pour mieux
connaître le principe sur lequel est fondé l'isochronisme du
spiral, il faut avoir recours aux ouvrages mêmes de Mr.
Berthoud. Les montres ou horloges dont il est question dans cet ouvrage n'exigent point un spiral rigoureusement isochrone, et, je peux donc me dispenser de m'étendre d'avantage sur une matière qui est traitée très-clairement
dans les ouvrages de Mr. Berthoud.

Article second. *Régler les horloges marines, ou les horloges à balancier à compensation, en général, et des épreuves pour parvenir à rendre exacte la compensation des effets du chaud et du froid.*

236. Ce n'est qu'après que l'horloge marine est
remontée et prête à marcher, qu'on s'occupe à la régler.
D'abord on fait choix d'un spiral de force convenable pour
que l'horloge soit à peu près réglée et qu'elle suive à peu

près le temps moyen.   Ayant trouvé un spiral qui puisse
servir, on achève de régler l'horloge par les masses réglantes du balancier, qu'on peut approcher ou éloigner du centre du balancier suivant le besoin, ainsi qu'on le voit par
la description de ce balancier Chap. III §. 76 et suivans,
et par la Fig. 12 Pl. 2.   Si l'horloge retarde, on approche
les deux masses *A* et *B* du centre du balancier; si elle
avance, on les éloigne au contraire.   On doit avoir soin
d'approcher et d'éloigner également ces deux masses, pour
que le balancier ne perde pas son équilibre.   On continue
ainsi peu à peu à éloigner ou approcher les masses jusqu'à
ce qu'on ait trouvé le point convenable, et que l'horloge
suive exactement une pendule astronomique dont la marche
est reconnue exacte.   La compensation n'étant pas encore
rendue exacte, on aura soin, pendant qu'on régle l'horloge,
de la tenir dans une température à peu près toujours égale.
Sans cette précaution, il est évident que la compensation
pourrait causer des variations pendant qu'on s'occupe à fixer
la position des masses réglantes, et qu'il serait impossible de
régler l'horloge.   Les masses réglantes représentées en
Fig. 12, Pl. 2, se voient de même Pl. 18 Fig. 2 en *a a.*

31

237. L'HORLOGE ainsi réglée, on peut faire les expériences nécessaires pour régler la compensation des effets du chaud et du froid. Pour cet effet on expose cette horloge à un assez haut degré de chaleur, tel que 30 à 35° du thermomètre de Reaumur, par le moyen d'une étuve disposée pour ces expériences. Si on trouve que l'horloge retarde, il est évident que la compensation n'est pas assez forte, et qu'on doit chercher à la rendre telle. On peut y parvenir par les masses compensatrices (Fig. 12 Pl. 2) en rendant la distance de A jusqu'à C et de B jusqu'à D plus grande. Les masses compensatrices tournant à frottement moëlleux sur la partie taraudée de la lame composée, il est facile de rendre les distances de C à A et de D à B plus ou moins grandes suivant le besoin. Les parties AC et BD étant plus longues, il est évident que le chaud, par son effet sur les lames composées, fait approcher davantage les masses C et D du centre du balancier, et que la compensation devient plus forte. Après cette opération on observe de nouveau la marche de l'horloge dans la même température, et si elle retarde encore, on fait de nouveau sortir davantage les masses compensatrices, et

cela jusqu'à ce qu'on ait trouvé le point convenable. Si par les expériences, on trouve, au contraire, que la compensation était trop forte, et que le chaud faisait avancer l'horloge, on rendra les distances de C à A et de D à B plus petites, jusqu'à ce que la compensation soit exacte, et que le chaud ne fasse ni retarder, ni avancer l'horloge. Si ce moyen n'était pas suffisant, on serait obliger de changer les masses compensatrices, et d'en refaire de plus pesantes, ou de plus legères, suivant le besoin, et on pourrait alors achéver de régler la compensation par le moyen ci-dessus indiqué. Il est clair, que si on rendait les masses compensatrices plus ou moins pesantes, on serait obligé de retoucher aux masses réglantes, et de les éloigner ou de les approcher du centre, jusqu'à ce que l'horloge fût réglée de nouveau; ce moyen pourrait même n'être pas suffisant, alors on serait obligé d'augmenter le poids de ces masses si l'horloge avançait, ou de le diminuer, si elle retardait. On doit observer soigneusement, ainsi que cela a été remarqué, que le balancier conserve toujours son équilibre, sans quoi l'horloge ne pourrait jamais avoir une marche exacte.

238. On observe de même la marche de l'horloge au froid. Pendant l'hyver il est facile de l'exposer à un degré de froid assez considérable; mais pendant l'été on se sert de glace pour ces expériences. On régle la compensation de la manière qui a été indiquée dans le §. précédent, et on répète les expériences jusqu'à ce que la compensation soit rendue exacte. On observera de ne pas transporter l'horloge subitement du froid au chaud, car les différentes parties *sueraient*, et l'humidité pourrait rouiller les parties en acier, ainsi que j'en ai été convaincu par l'expérience.

239. On sent combien il est essentiel de rendre la compensation exacte, car c'est en grande partie de la compensation que dépend la grande justesse d'une horloge marine. J'ai eu en mains plusieurs horloges marines, dont la marche a été très régulière dans une même température, mais qui ont varié suivant les variations de la température, défaut qui les rend incapable de servir en mer pour les voyages de long cours, où le vaisseau se trouve alternativement dans des climats chauds et froids.

CHAPITRE DIX-SEPTIEME

OU

APPENDICE.

Contenant la description d'un thermomètre métallique portatif.

240. Il est sans doute de quelqu'intérêt pour les physiciens, de pouvoir faire usage d'un instrument portatif et pas fragile, qui puisse indiquer avec exactitude les différens degrés de température. Ayant réussi à construire des thermomètres métalliques, en forme de montres, dont l'exactitude a été constatée par des physiciens expérimentés, après des épreuves réitérées, je crois devoir en donner ici la description, telle que je les exécute*). Je m'y détermine d'autant

---

*) J'ai eu l'honneur de présenter mon thermomètre métallique à la société économique royale, qui l'a fait examiner et éprouver par son comité des Arts. D'après le rapport fait par le comité, le président de la société m'a honoré de la lettre suivante :

plus facilement, que l'exécution de ces instrumens est intimement liée avec l'horlogerie. On verra facilement la différence de ceux que j'ai construits, avec ceux qui ont été faits précédemment, et on reconnaîtra sans doute que l'exactitude de ce nouveau thermomètre est principalement due à la simplicité de la construction. On a depuis très long temps exécuté de thermomètres métalliques: tous les physiciens le savent; mais ils savent aussi que ces instrumens n'ont jusques à présent pu servir de véritable mesure de la chaleur. On s'en était occupé en France, en Angleterre, en Suisse, mais il parait qu'on avait presque généralement abandonné ce travail, probablement par la difficulté d'obtenir une régularité suffisante. Je m'en suis occupé à

   "J'ai l'honneur de vous communiquer, que la société royale "économique, d'après le rapport de son comité des Arts, a reconnu la justesse et l'originalité des principes de construction de votre thermomètre métallique, et que, vu l'utilité de cet instrument et la belle exécution, elle vous a décerné sa première médaille en or etc."

   La société royale m'a en même temps fait l'honneur de me communiquer le rapport des savans, qui composent le comité des Arts. Ce rapport m'offre des vues nouvelles et des idées ingénieuses pour étendre davantage l'usage de cet instrument.

mon tour, et je ne dois pas douter d'avoir réussi à donner
à ces instrumens une grande régularité, car de tous ceux
que j'ai exécutés d'après le plan que j'indiquerai ci-après,
il n'y a pas un, qui n'ait suivi de point en point le thermomètre de mercure, et qui n'ait conservé son exactitude,
même pendant les voyages où ces instrumens étaient exposés à des secousses assez violentes.

241. Il est vrai que le rapport entre le changement de dilatation et le changement de température n'est pas
toujours le même, et par conséquent que les thermomètres
en général ne font pas véritablement connaître les vrais degrés de chaleur, surtout dans les extrêmités. Le thermomètre métallique, dont le mouvement est produit par l'effet
de la dilatation et de la condensation ainsi que dans le
thermomètre de mercure, doit naturellement avoir le même
inconvénient. Par contre il présente l'avantage de pouvoir servir à mesurer des degrés de froid, qui font conge-
ler le mercure; il est moins fragile que le thermomètre de
mercure; et on peut le rendre très sensible. Le thermomètre de mercure a l'inconvénient qu'en l'exposant subitement
à un grand degré de chaleur, le mercure descend dans le

tube avant de monter, phénomène qui provient de la subite dilatation du globe qui contient le mercure; la capacité du verre augmente, et le mercure descend naturellement, mais aussitôt que la chaleur pénètre le mercure, il remonte. Le thermomètre métallique, au contraire, indique tout de suite le vrai changement de température.

242. LES FIGURES 5, 6, 7, 8, 9 Pl. 19 indiquent les différentes parties du thermomètre métallique. *A A B* Fig. 6 représente la platine vuidée comme la gravure l'indique. Elle est fixée dans la boîte par le moyen de trois clefs qui ne sont pas indiquées dans la Figure. *C* est un pont fixé à la platine. Le pignon qui porte l'aiguille du thermomètre est planté au centre de la platine entre le pont. Le rateau *b g g*, qu'on voit en même temps en Fig. 9, engrène par ses dents dans ce pignon. Le rateau porte au centre un canon, qui se meut autour d'une tige à portée, fixée à vis à la platine. Une goupille qui traverse la partie supérieure de cette tige, détermine le jeu convenable du rateau*). *a c c c* est une lame composée,

*) Souvent j'enarbre le rateau sur une tige qui a deux pivots, dont l'inférieur roule dans la platine, et le supérieur dans un pont de

dont la partie intérieure est de laiton, et la partie extérieure, d'acier trempé, revenu bleu.   Cette lame est fixée à la platine par deux pieds et la vis *a*.   Le bout mobile ou libre de la lame agit contre le bout de la vis du rateau. Un ressort spiral, très long et des plus faibles, appliqué sur le pignon qui porte l'aiguille, fait, par sa bande, que la vis *b* du rateau appuye constamment contre la lame composée, et qu'elle peut suivre la lame dans son mouvement.   La Fig. 5 représente le thermomètre avec le cadran et l'aiguille.   Le cadran est divisé d'après l'echelle de Réaumur.

243.   Actuellement on voit facilement comment le mouvement de l'aiguille est produit.   La lame composée, suivant ce qui a été expliqué Chap. III §. 72 et suivans, s'ouvre par le chaud et se ferme par le froid.   Le bout libre de la lame fait par ce moyen mouvoir le rateau, qui agit à son tour sur le pignon qui porte l'aiguille, et qui avance alors par le chaud et recule par le froid.   La coulisse représentée en Fig. 8, et qui

hauteur convenable, fixé à la platine; ce moyen vaut mieux, car le rateau se meut plus librement.

en Fig. 6 porte la vîs *b*, est la pièce par laquelle on trouve la vraie distance de la vis *b* du centre du rateau pour que l'aiguille du thermomètre puisse cheminer *parallèlement* avec le thermomètre de mercure.   Il est évident, qu'en approchant *b* du centre du rateau, la lame composée agit sur un levier plus court, et fait parcourir à l'aiguille, par un même changement de température, une plus grande portion du cadran, que si la vis *b* était plus éloignée.   Au contraire, en éloignant la vis *b* du centre du rateau, la lame composée agit sur un plus long levier, et le mouvement de l'aiguille est plus lent, ou, ce qui revient au même, l'aiguille parcourt par un même changement de température une plus petite portion du cadran, que si le levier était plus court, ou que la vis *b* fût plus proche du centre du rateau.   En supposant la marche de l'aiguille trop *lente* quand la vis *b* est le plus éloignée possible du centre du rateau, et, au contraire, trop *vîte*, quand *b* est le plus près possible du rateau, il est clair qu'entre ces deux extrêmités, on peut trouver telle longueur de levier qui ne fasse ni *avancer*, ni *retarder* l'aiguille, mais où elle suive parallèlement le thermomètre de mercure, et où les degrés *relatifs* se rapportent.   On peut mouvoir la vis *b* à gauche et à droite et approcher ou éloigner par ce moyen la queue du rateau de la lame composée, sans changer la longueur du levier de mouvement, ainsi qu'il est facile de le sentir. Par ce moyen il devient donc aisé de mettre l'aiguille au vrai degré de température, de manière que les degrés *absolus* puissent se rapporter aussi. La vis *a* Fig. 7 et 8 entre dans la queue du rateau, et par le moyen de cette vis, on serre fortement la coulisse contre la queue du rateau après le réglage, de manière qu'elle ne puisse se déranger de sa position.

Remarques sur l'exécution de ce thermomètre métallique.

244. Sans entrer dans les détails de l'exécution de ces thermomètres, je me bornerai à remarquer que c'est principalement à la lame composée et à l'engrenage qu'il faut porter beaucoup de soin. Pourque la lame ne soit pas sujette à se déranger ou à perdre sa forme par les secousses, il est de toute nécessité que l'acier soit trempé; au reste, on l'exécute de la même manière que les lames

composées des balanciers à compensation, en rendant la lame de laiton un peu plus épaisse, que celle en acier. Quant à l'engrenage des dents du rateau dans le pignon, on sent combien il est important que la denture soit exacte et que la menée s'opère uniformément; on ne peut mieux parvenir à cela qu'en nombrant beaucoup le pignon. Je me sers toujours d'un pignon de 20 aîles et je fais la denture du rateau telle que la menée devienne très uniforme. Encore vaudrait-il mieux employer un pignon de 30 aîles, car on aurait plus de facilité à bien former l'engrenage. Il est très essentiel de réduire tous les frottemens à la plus petite quantité, et de faire usage d'une aiguille légère et en parfait équilibre. Le rateau doit de même être en équilibre. Il vaut mieux faire usage d'un cadran mince en argent, que d'un cadran en émail, le chaud èt le froid agissant plus promptement sur l'argent que sur l'émail. La platine ne doit pas être trop épaisse, pour que le chaud et le froid puissent vîtement pénétrer l'instrument et qu'il puisse être très sensible. J'ai remarqué qu'on parvient à donner beaucoup de corps ou de consistance à la lame composée en dorant la partie en laiton; c'est donc une opération qu'on ne doit pas négliger*).

245. La forme la plus convenable à la boîte est celle à *collier de chien.* L'argent étant un bon conducteur pour le chaud et le froid on peut employer avec succès ce métal pour l'exécution de la boîte. Le verre ne doit pas être trop épais, pourque l'instrument ne perde pas de sa sensibilité. Il convient que la boîte soit très légère, afinque le chaud et le froid puissent plus vîte penétrer l'instrument et opérer sur la lame composée qui fait mouvoir l'aiguille.

*) J'ai exécuté un thermomètre métallique en or, qui est actuellement entre les mains de Mr. le Chambellan de Bourcke Envoyé extraordinaire du Roi près de Sa Majesté Catholique. Cet instrument est très sensible, car la platine est très légère et vuidée, le cadran est aussi très mince et en argent. Les pivots roulent en rubis percés, ce qui rend les frottemens aussi doux et petits que possible. Comme il convient que le ressort spiral se bande le plus uniformément possible, j'ai fait usage d'un spiral cylindrique, qui par sa grande longueur rend la résistance très-uniforme. J'en exécute actuellement un pareil, pour *S. A. E, l'Electeur de Hesse.*

ADDITION.

246. ADDITION *au* §. 18. La forme applatie de la terre vers les pôles n'est pas la seule cause de la diminution de la gravité des corps et des vibrations moins promptes du pendule près de l'équateur. La force centrifuge y influe aussi; celle-ci étant beaucoup plus grande près de l'équateur, la gravité doit nécessairement diminuer. Il y a donc deux causes des vibrations moins promptes du pendule près de l'équateur, premièrement le plus grand éloignement du centre de la terre, et secondement la force centrifuge.

TABLE

de

l'accélération des étoiles fixes depuis 1 jusqu'à 60 jours.

Jours.	Heures.	Minutes.	Secondes.	Tierces.	Jours.	Heures.	Minutes.	Secondes.	Tierces.	Jours.	Heures.	Minutes.	Secondes.	Tierces.
1	0	3	55	54	21	1	22	33	54	41	2	41	11	54
2	0	7	51	48	22	1	26	29	48	42	2	45	7	48
3	0	11	47	42	23	1	30	25	42	43	2	49	3	42
4	0	15	43	36	24	1	34	21	36	44	2	52	59	36
5	0	19	39	30	25	1	38	17	30	45	2	56	55	30
6	0	23	35	24	26	1	42	13	24	46	3	0	51	24
7	0	27	31	18	27	1	46	9	18	47	3	4	47	18
8	0	31	27	12	28	1	50	5	12	48	3	8	43	12
9	0	35	23	6	29	1	54	1	6	49	3	12	39	6
10	0	39	19	0	30	1	57	57	0	50	3	16	35	0
11	0	43	14	54	31	2	1	52	54	51	3	20	30	54
12	0	47	10	48	32	2	5	48	48	52	3	24	26	48
13	0	51	6	42	33	2	9	44	42	53	3	28	22	42
14	0	55	2	36	34	2	13	40	36	54	3	32	18	36
15	0	58	58	30	35	2	17	36	30	55	3	36	14	30
16	1	2	54	24	36	2	21	32	24	56	3	40	10	24
17	1	6	50	18	37	2	25	28	18	57	3	44	6	18
18	1	10	46	12	38	2	29	24	12	58	3	48	2	12
19	1	14	42	6	39	2	33	20	6	59	3	51	58	6
20	1	18	38	0	40	2	37	16	0	60	3	55	54	0

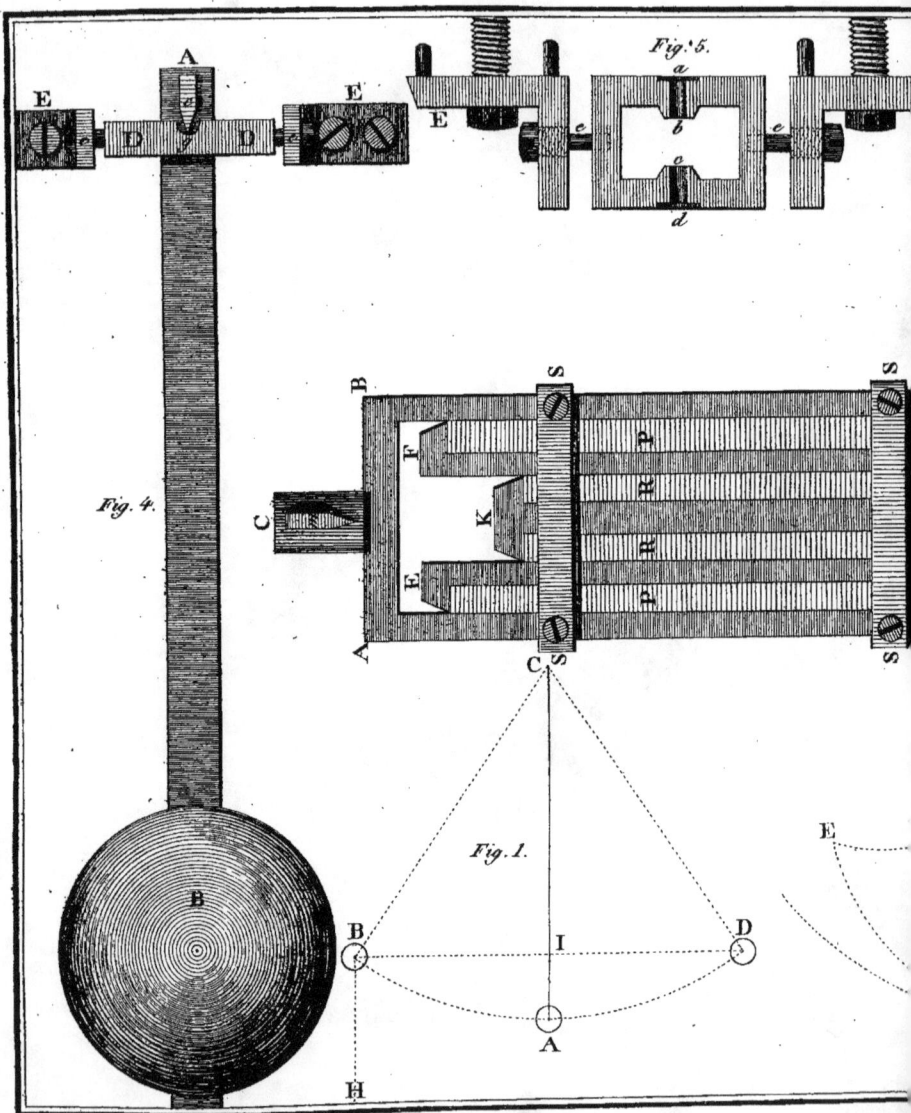

Fig. 5.

Fig. 4.

Fig. 1.

U. Jürgensen del.

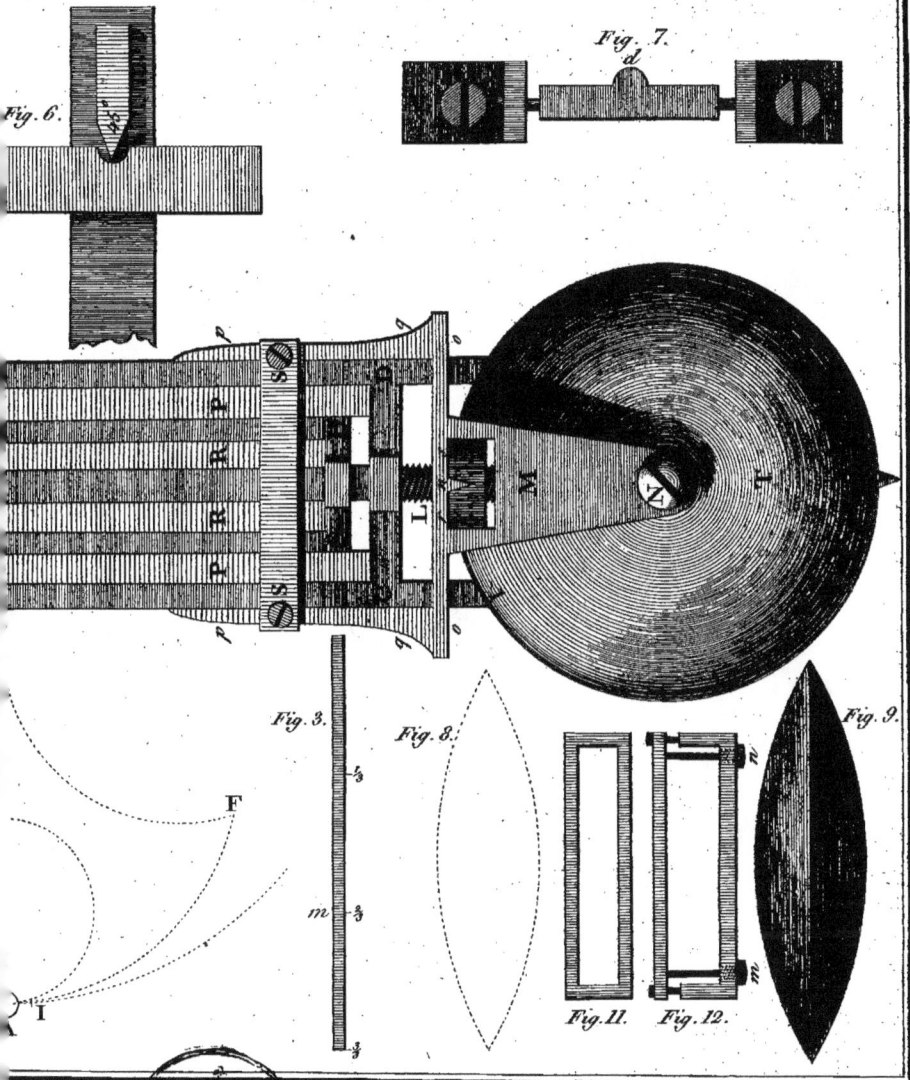

Tab. I.

Fig. 7.
d

Fig. 6.

Fig. 3.

Fig. 8.

Fig. 9.

F

I

Fig. 11. Fig. 12.

G. N. Angelo sc. 1803.

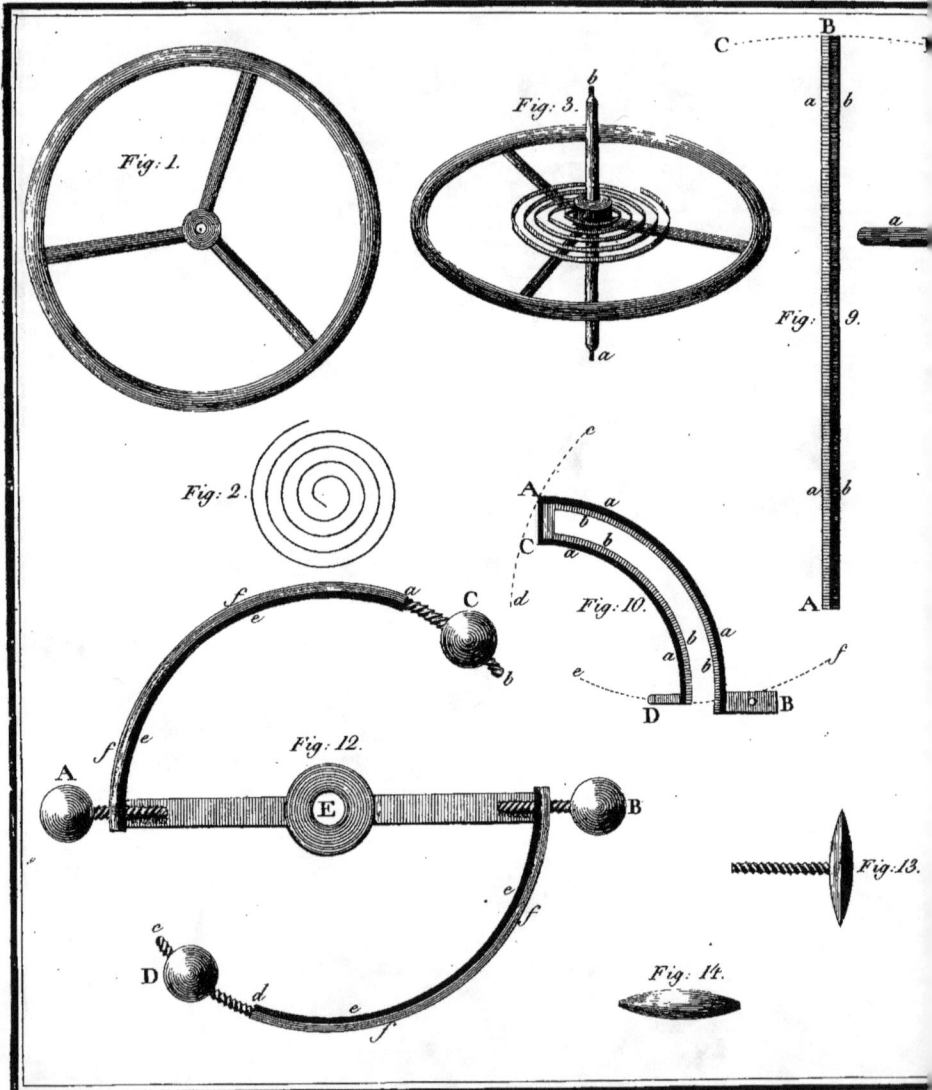

Fig: 1.

Fig: 3.

Fig: 2.

Fig: 9.

Fig: 10.

Fig: 12.

Fig: 13.

Fig: 14.

U. Jürgensen del.

Tab. II.

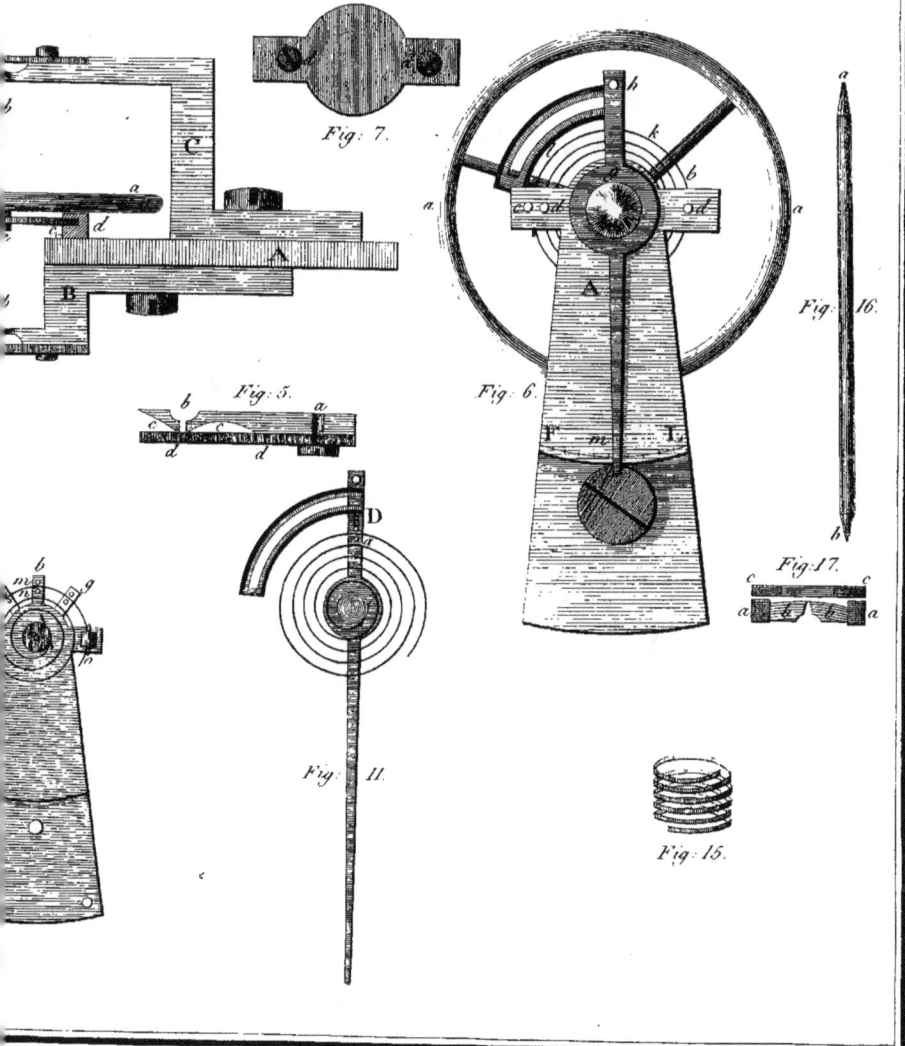

Fig. 7.

Fig. 16.

Fig. 5.

Fig. 6.

Fig. 17.

Fig. 11.

Fig. 15.

G. N. Angelo so.

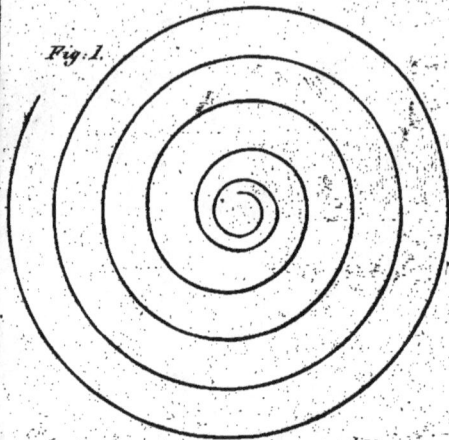

Fig. 1.

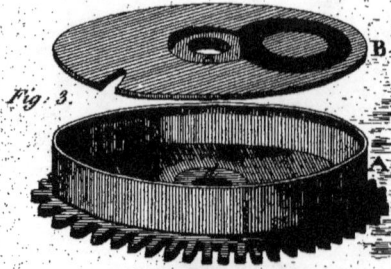

Fig. 3.

B

A

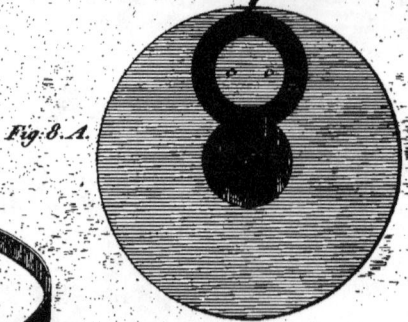

Fig. 8. A.

Fig. 2.

Fig. 12.

Fig. 11.

a

f

Fig. 13.

d

Tab. III.

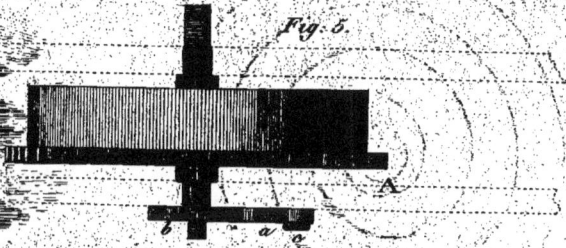

Fig. 5.

A

Fig. 8. B.

Fig. 10.

Fig. 9.

C

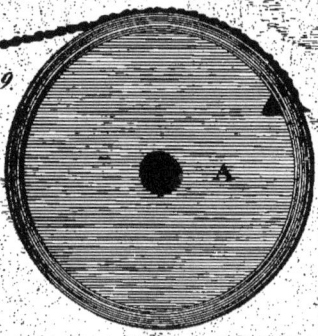

A

Fig. 15.

Fig. 14.   *Fig. 16.*

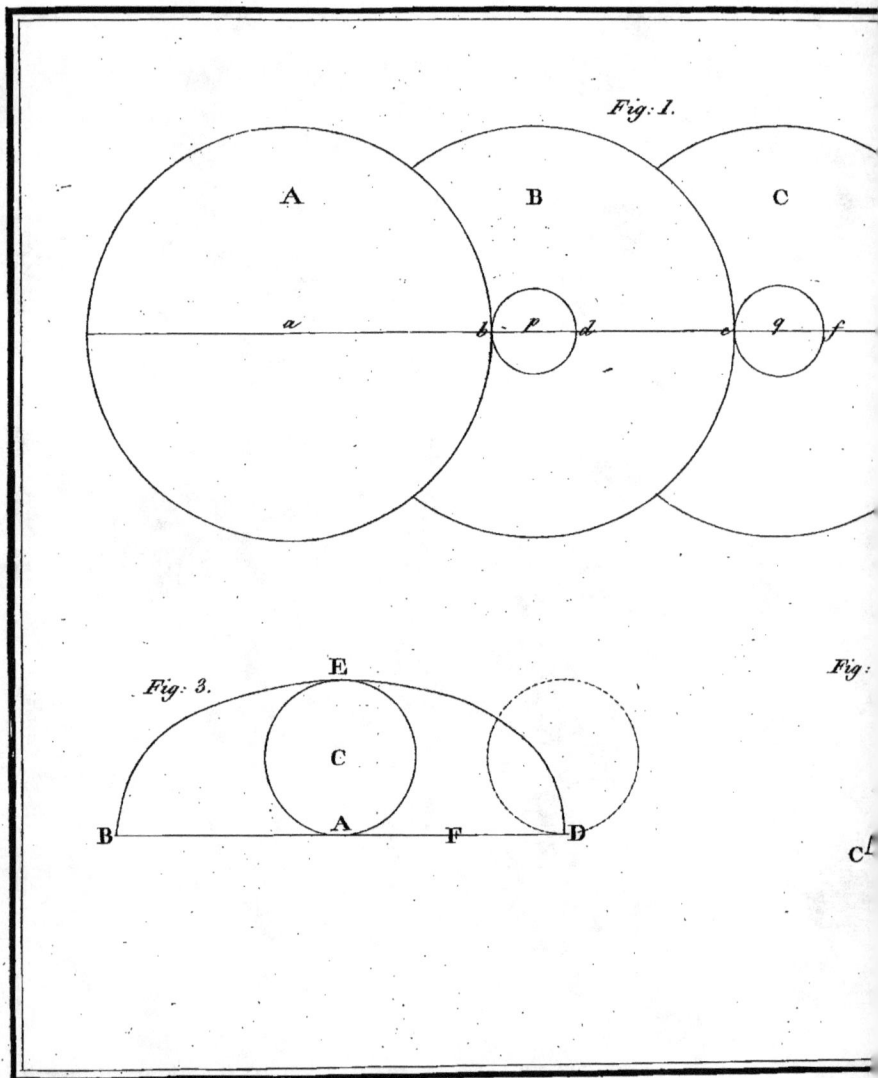

Fig: 1.

A   B   C

a b P d c q f

Fig: 3.

E

C

B   A   F   D

Fig:

c

U: Iürgensen del.

Tab. IV.

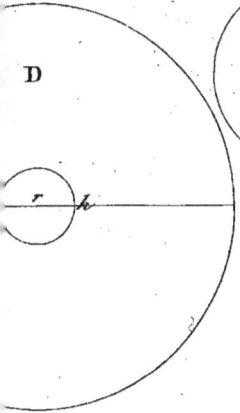

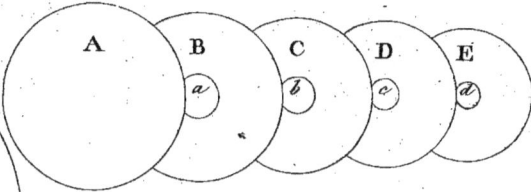

Fig. 2.

Fig. 4.

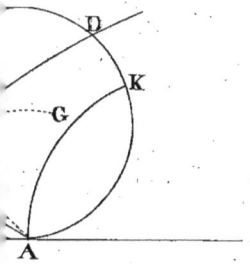

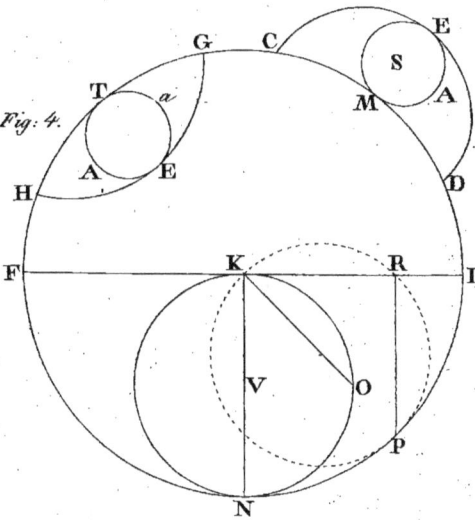

G. N. Angelo fo.

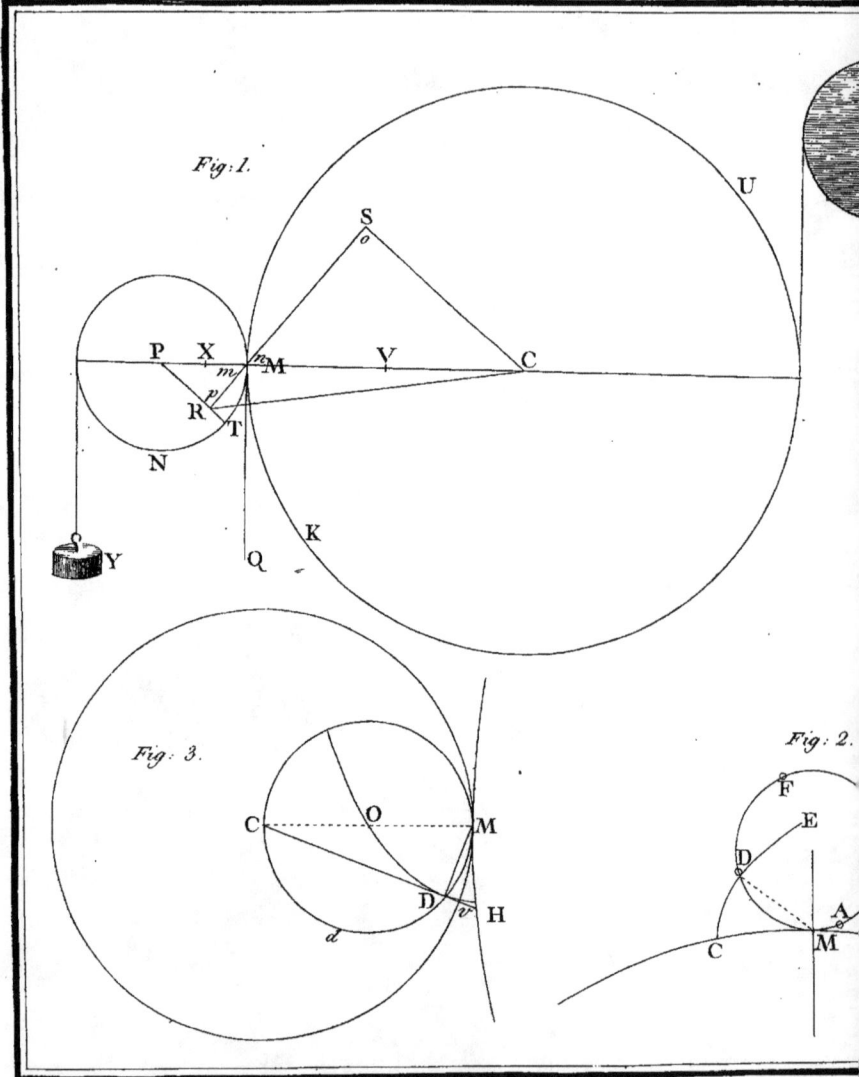

Fig: 1.

Fig: 3.

Fig: 2.

U: Jürgensen del.

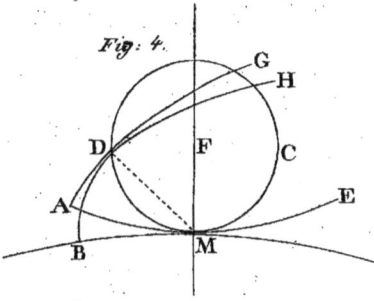

Fig: 4.

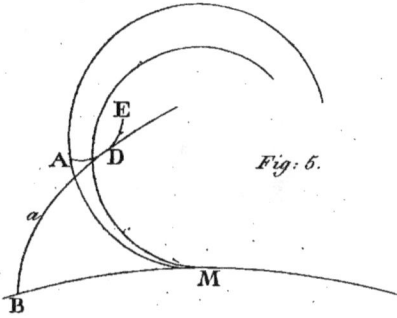

Fig: 5.

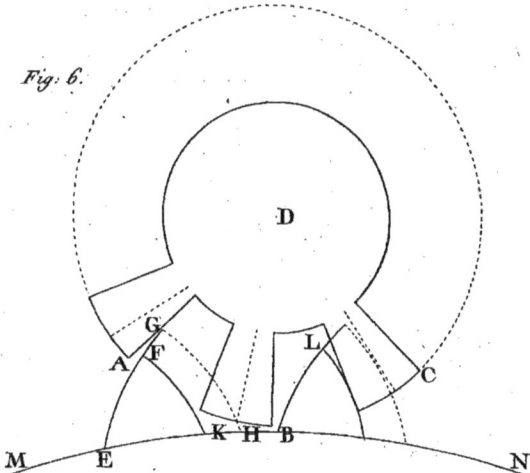

Fig: 6.

Z

G. N. Angelo fc.

Fig: 1.

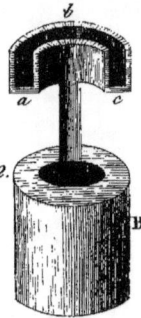

Fig: 2.

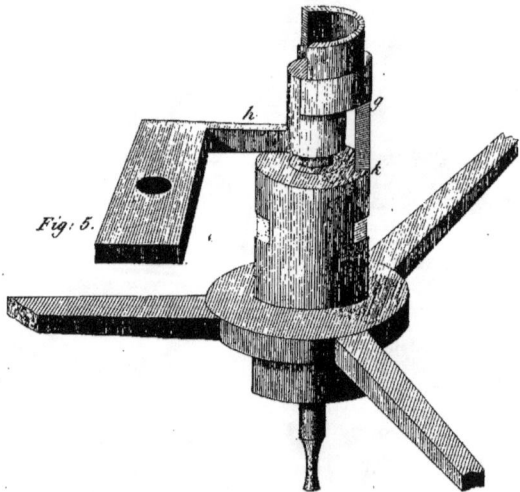

Fig: 5.

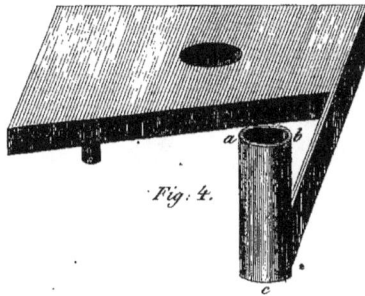

Fig: 4.

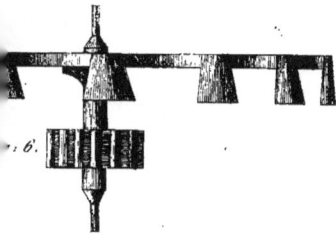

Fig: 6.

Fig: 7.

Fig: 8.

G.N. Angelo fc.

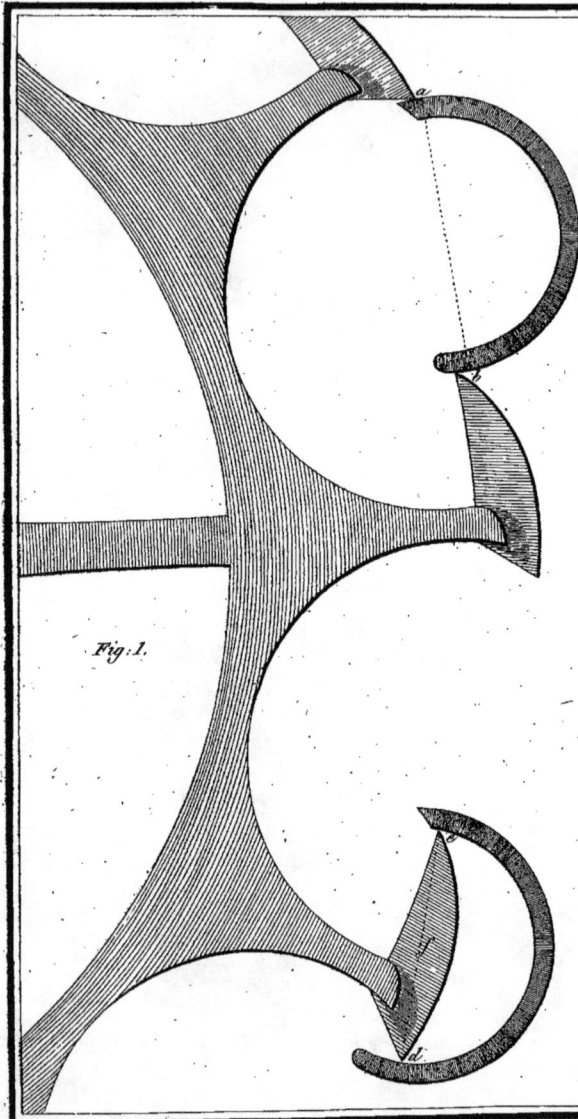

Fig. 1.

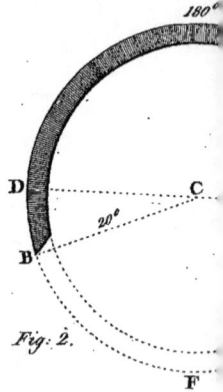

180°

D   C

20°

B

Fig. 2.

F

Fig. 3.   F

U. Jürgensen del.

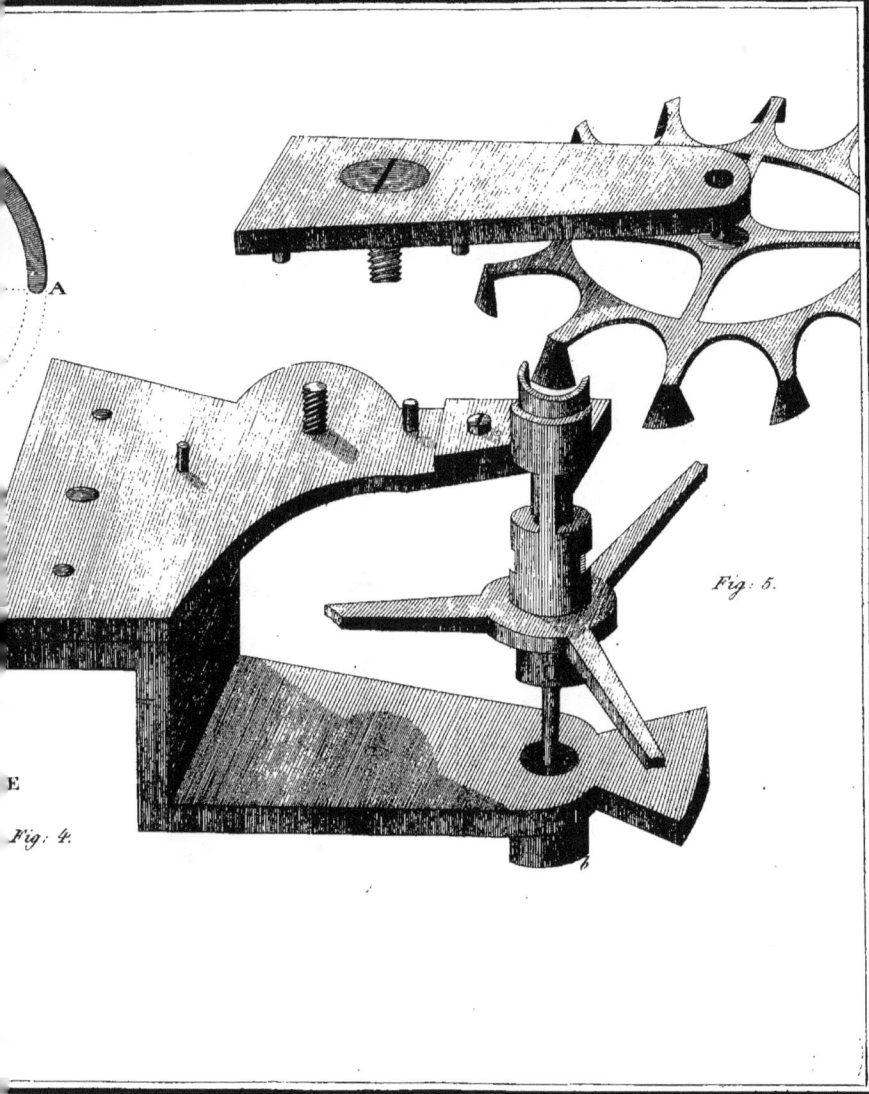

A

E

Fig: 4.

Fig: 5.

G.N. Angelo fc.

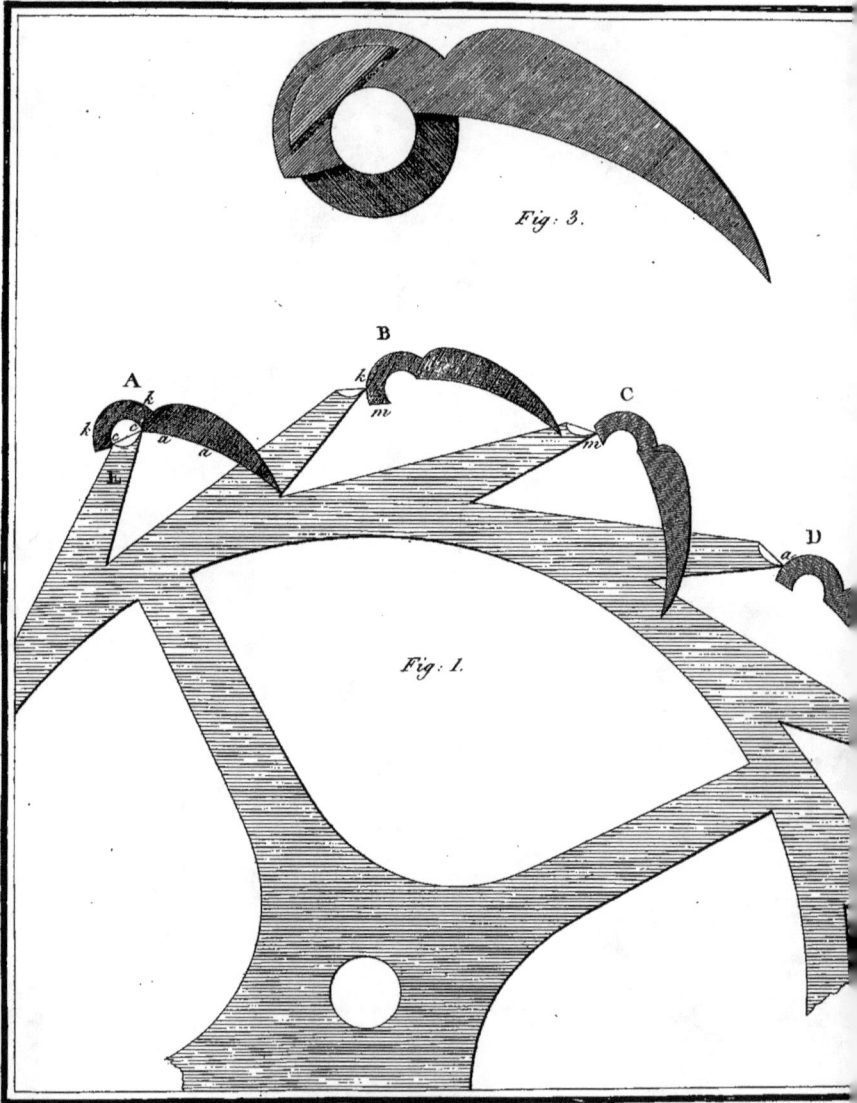

Fig. 3.

B

A

C

D

Fig. 1.

U. Iürgensen del.

Fig: 2.

Fig: 4.

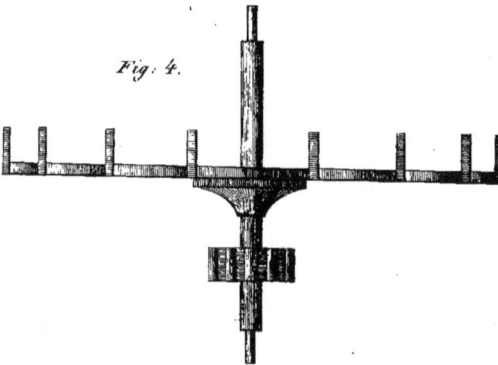

C. N. Angelo fc.

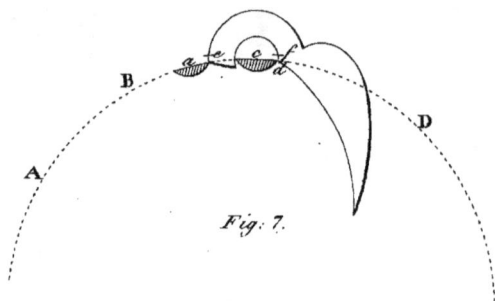

Fig: 7.

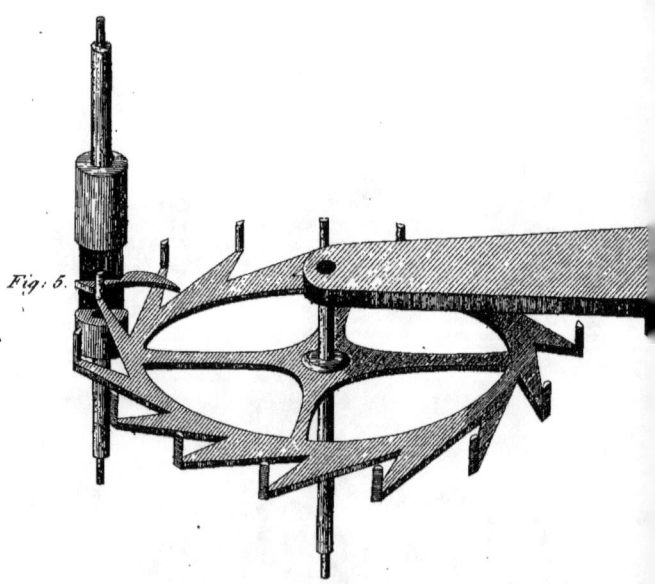

Fig: 5.

Tab. IX.

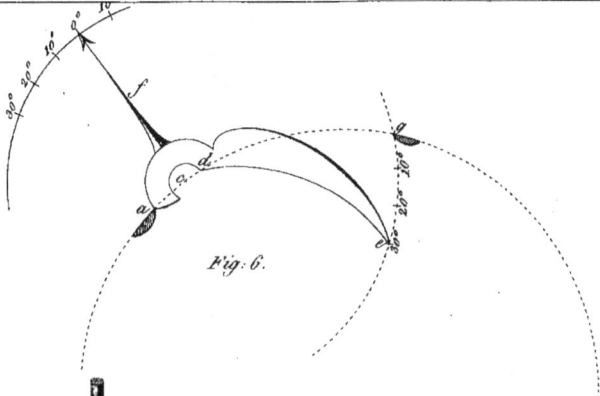

Fig: 6.

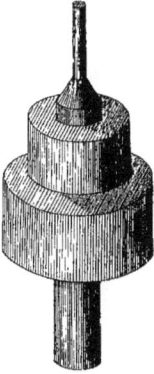

Fig: 9.

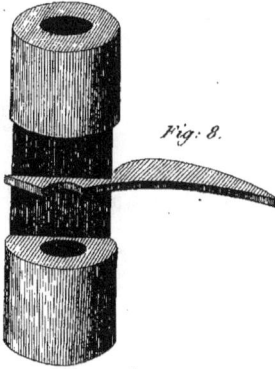

Fig: 8.

Fig: 10.

G. N. Angelo sc.

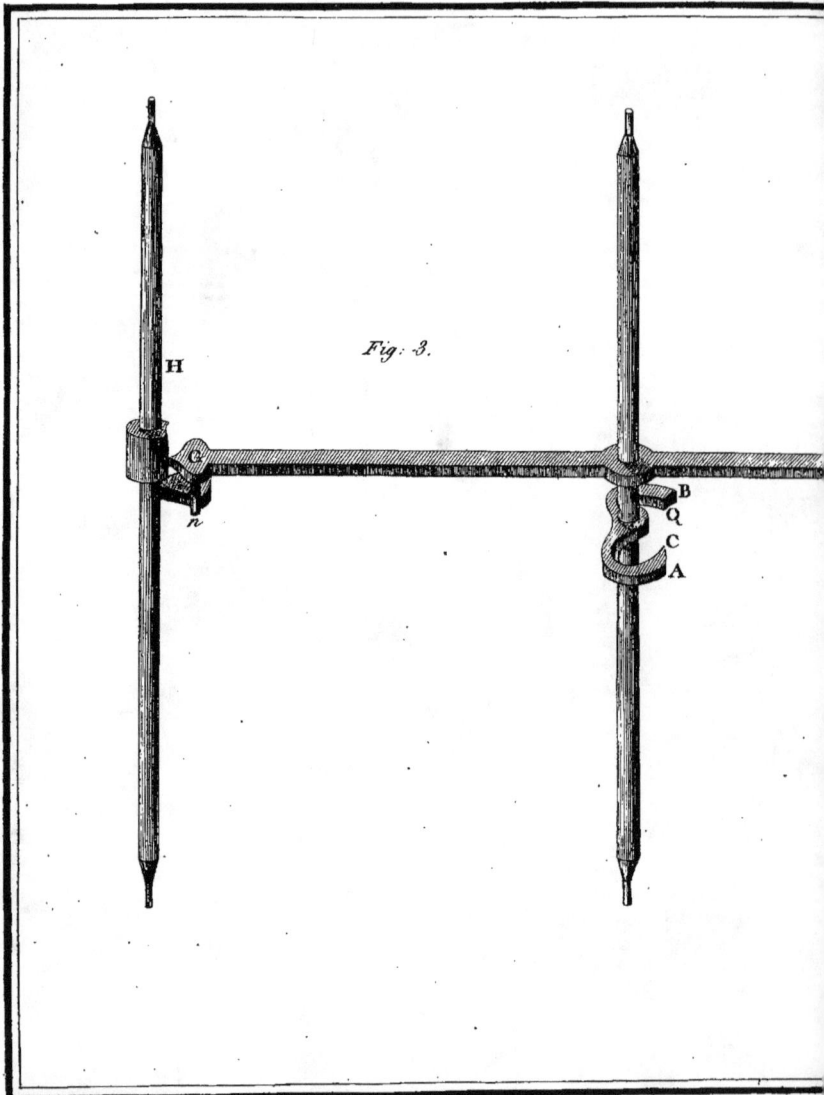

Fig: 3.

H

B
Q
C
A

G

n

Tab. X.

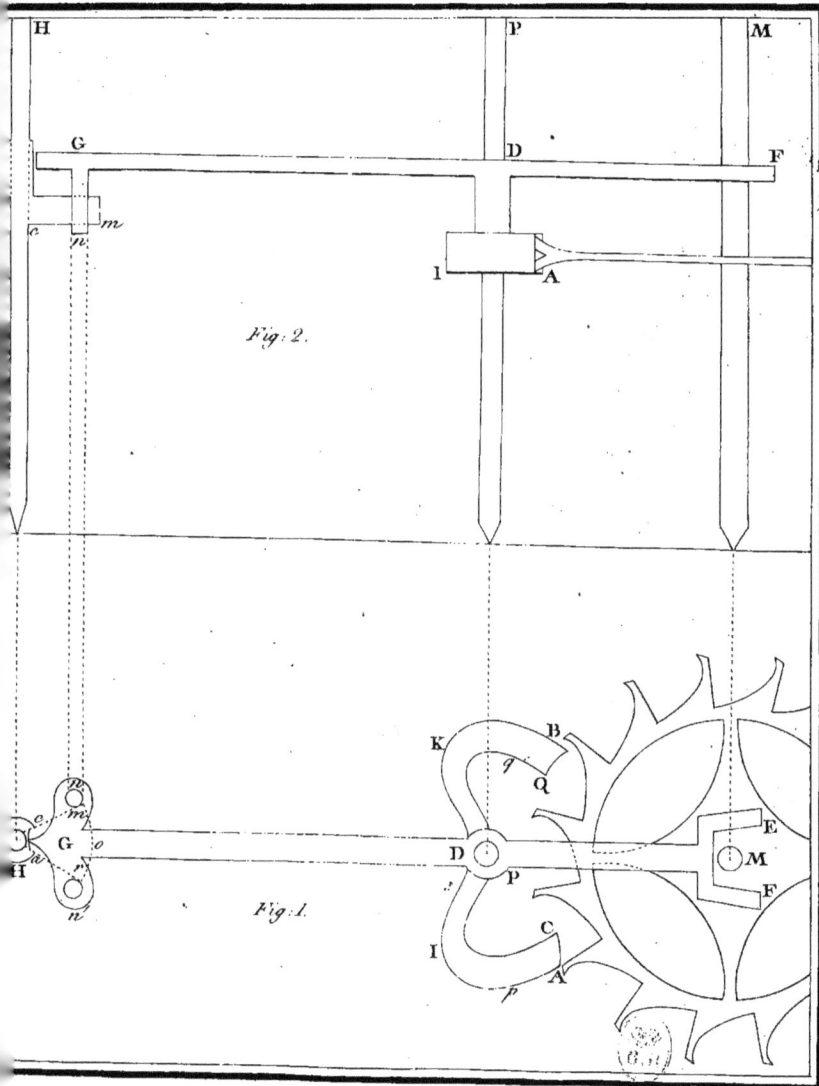

Fig: 2.

Fig: 1.

G.N. Angelo sc.

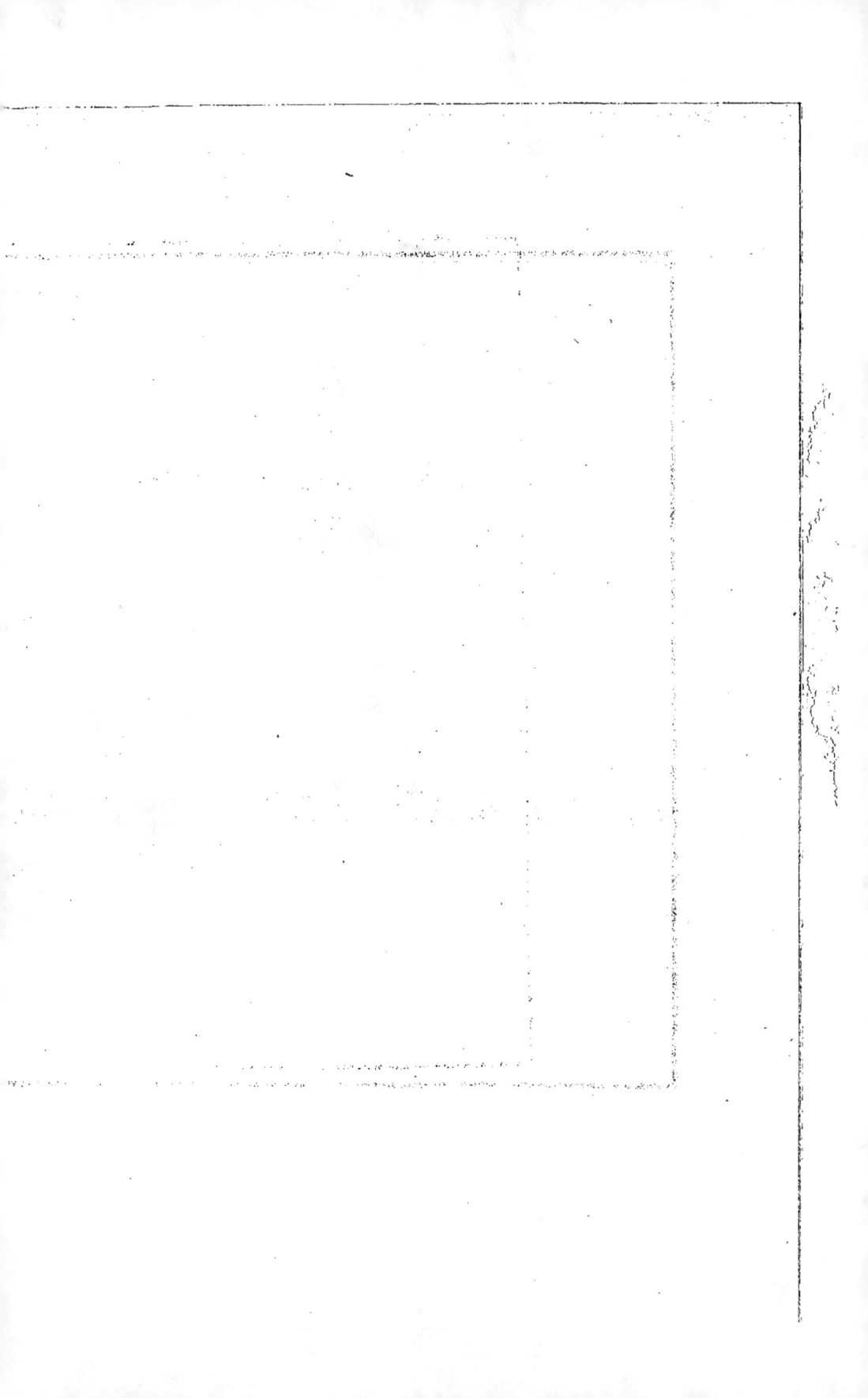

Fig. 1.

a

c

Fig. 2.

a

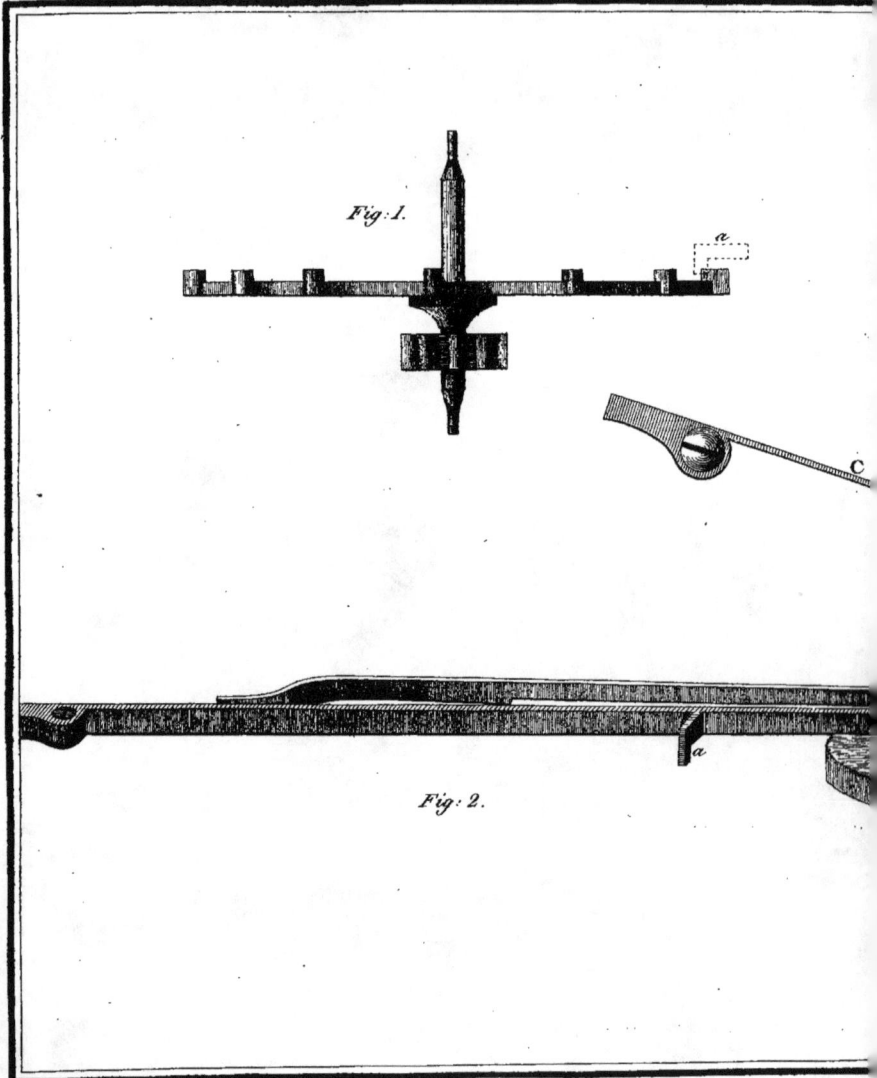

U. Iürgensen del.

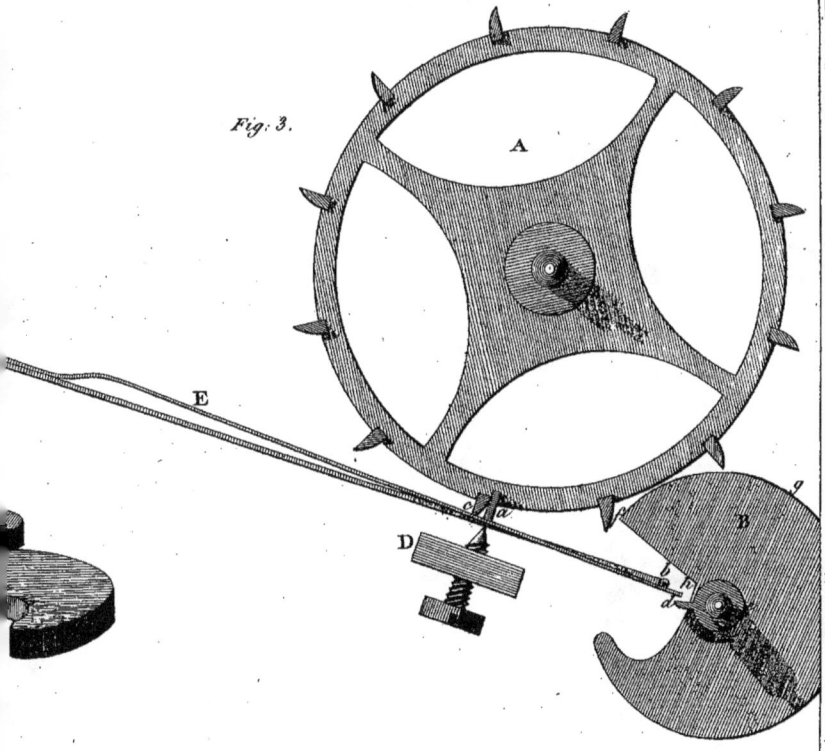

Tab. XI.

Fig. 3.

A

E

B

D

g

c a

b

d

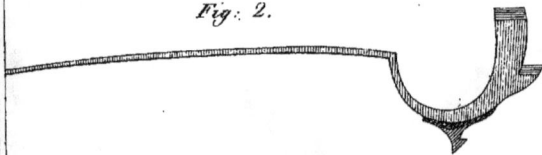

Fig: 2.

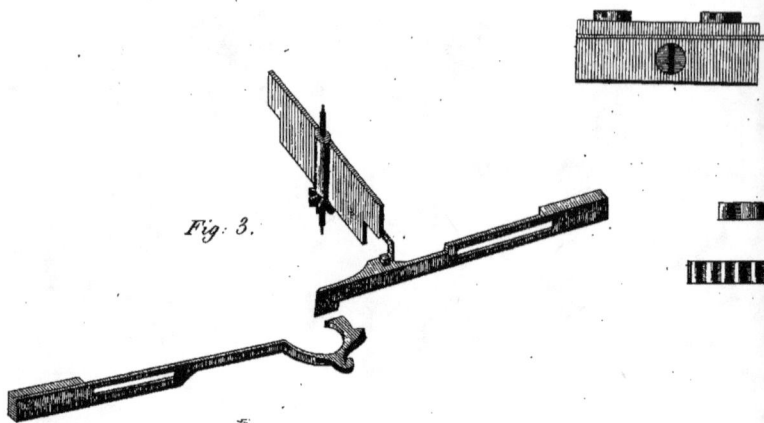

Fig: 3.

U: Iürgensen del.

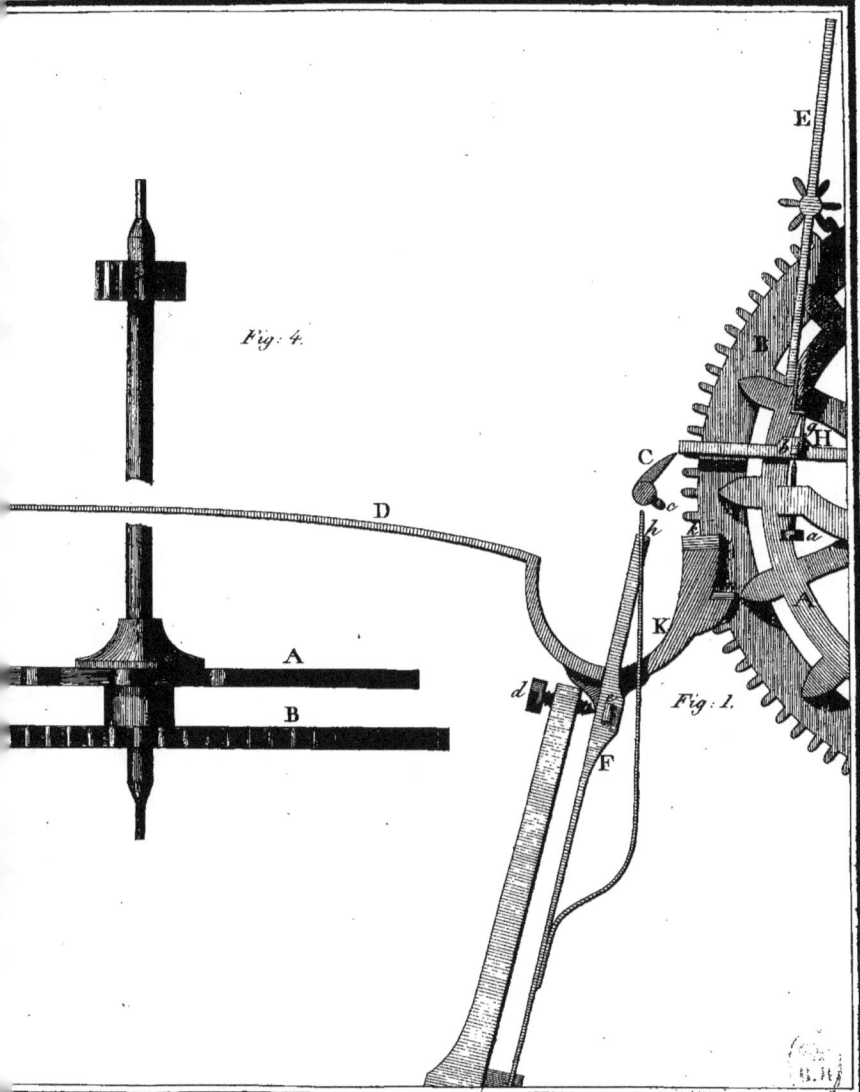

Tab: XII.

Fig: 4.

Fig: 1.

E

B

H
C
o
h
a
a
K

D

A

B

d
F

G. N. Angelo fo.

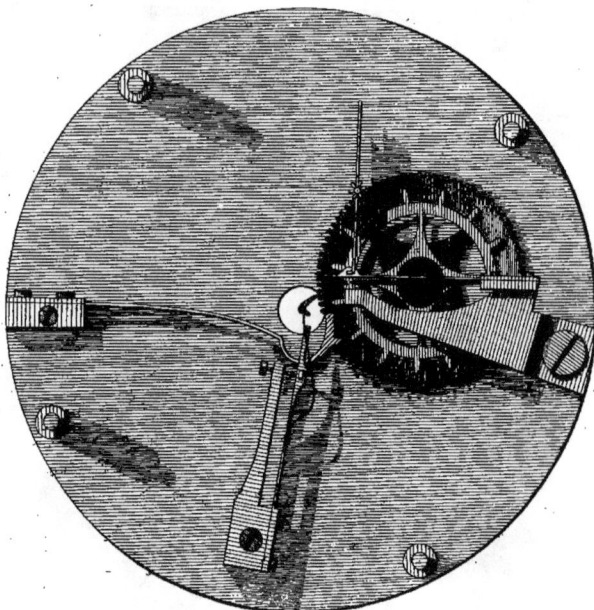

Fig. 1.

U. Iürgensen del.

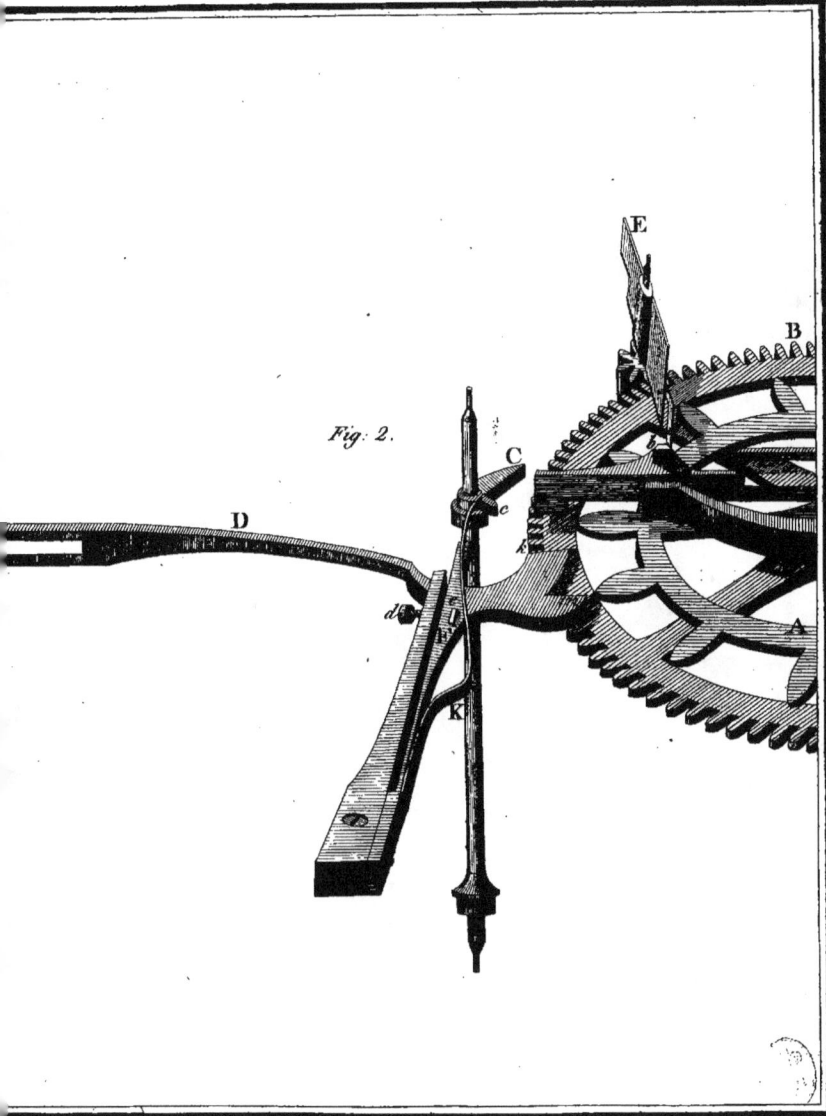

Fig: 2.

Fig. 1.

Fig. 2.

Fig. 4.

Fig. 3.

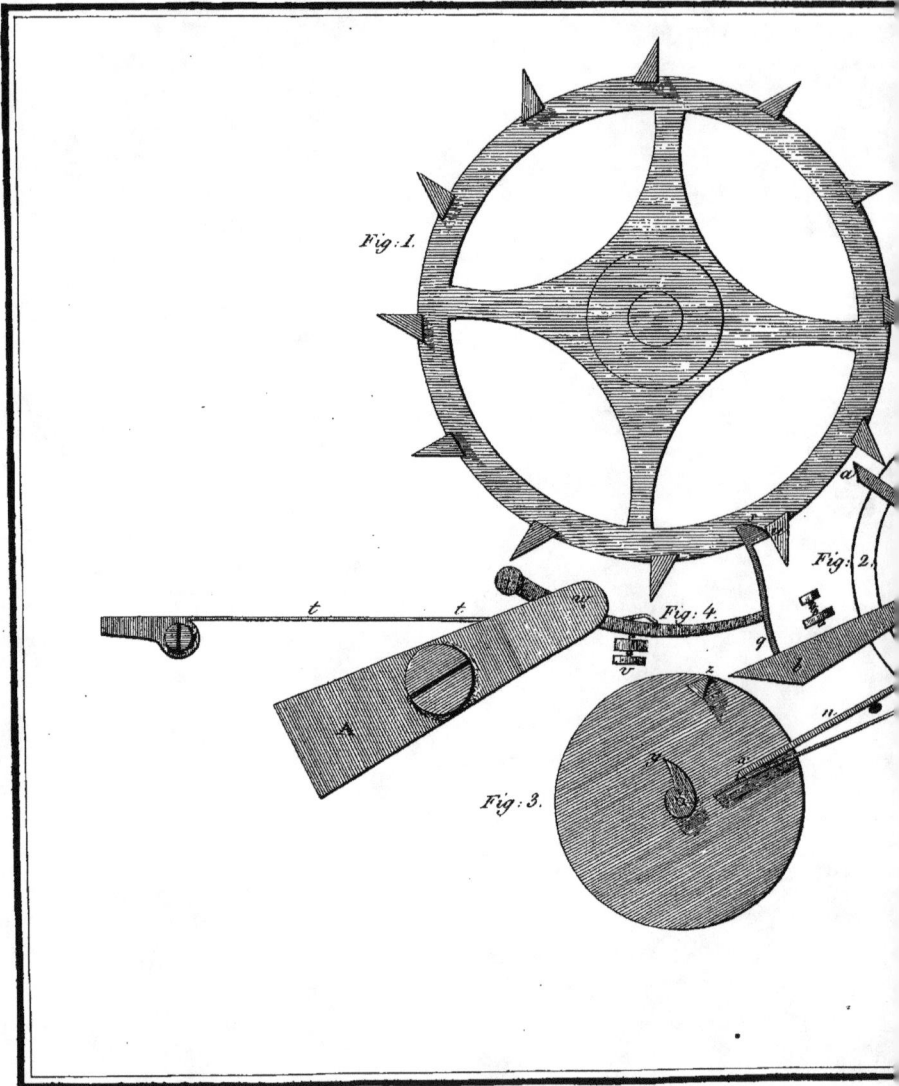

U. Jürgensen del: et inv:

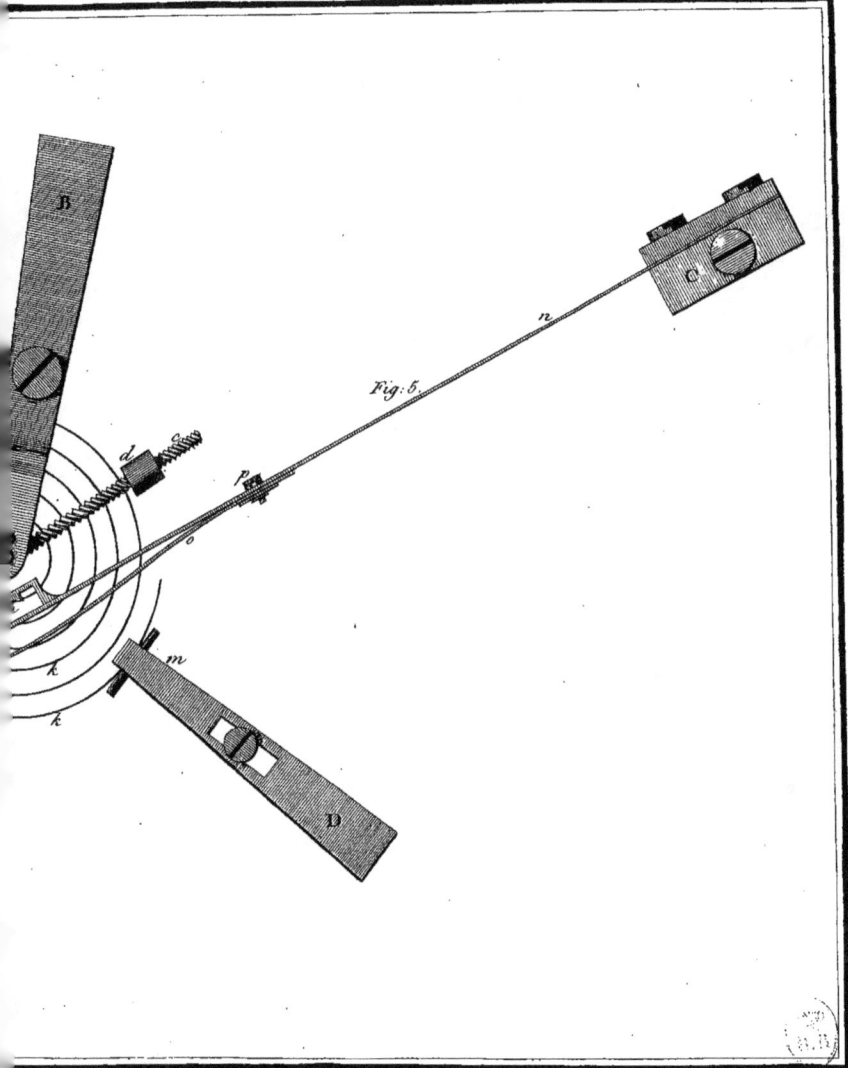

Fig: 5.

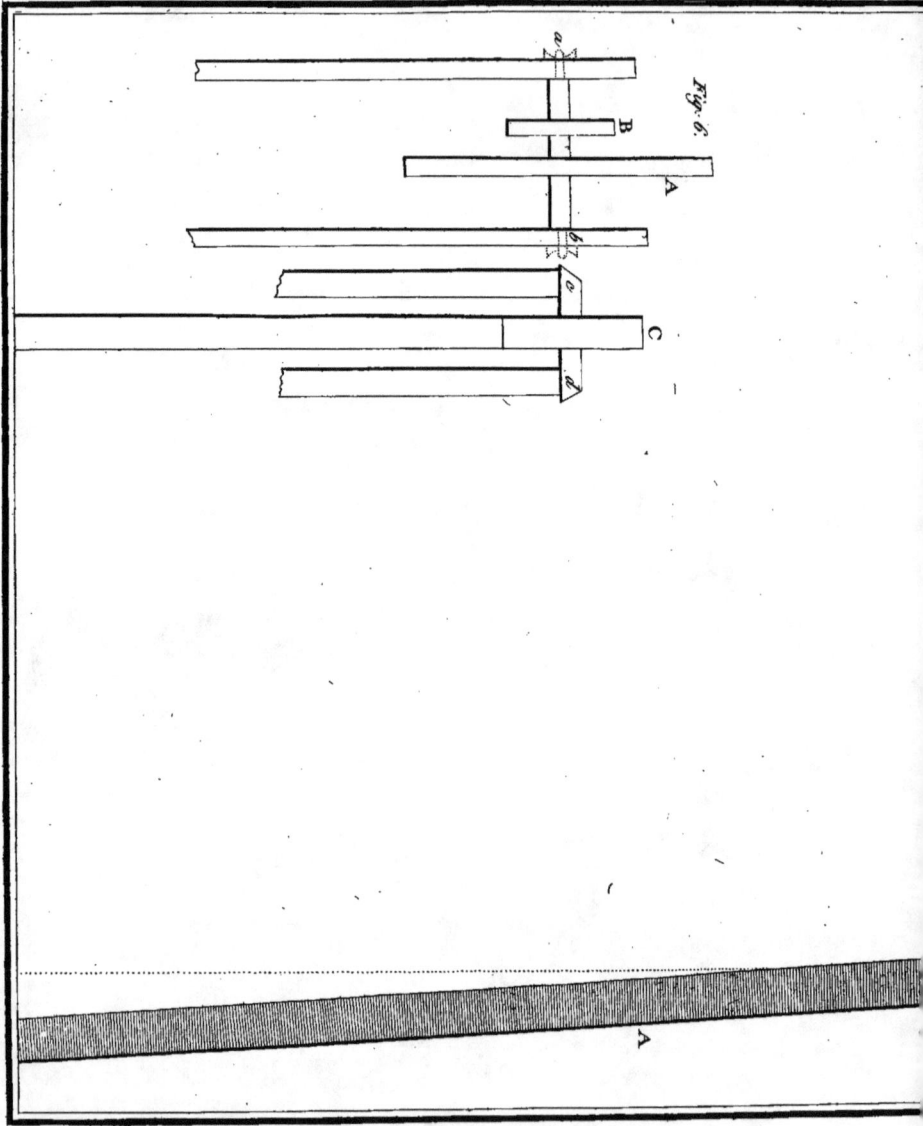

Fig. 6.

U. Jürgensen del. et inv.

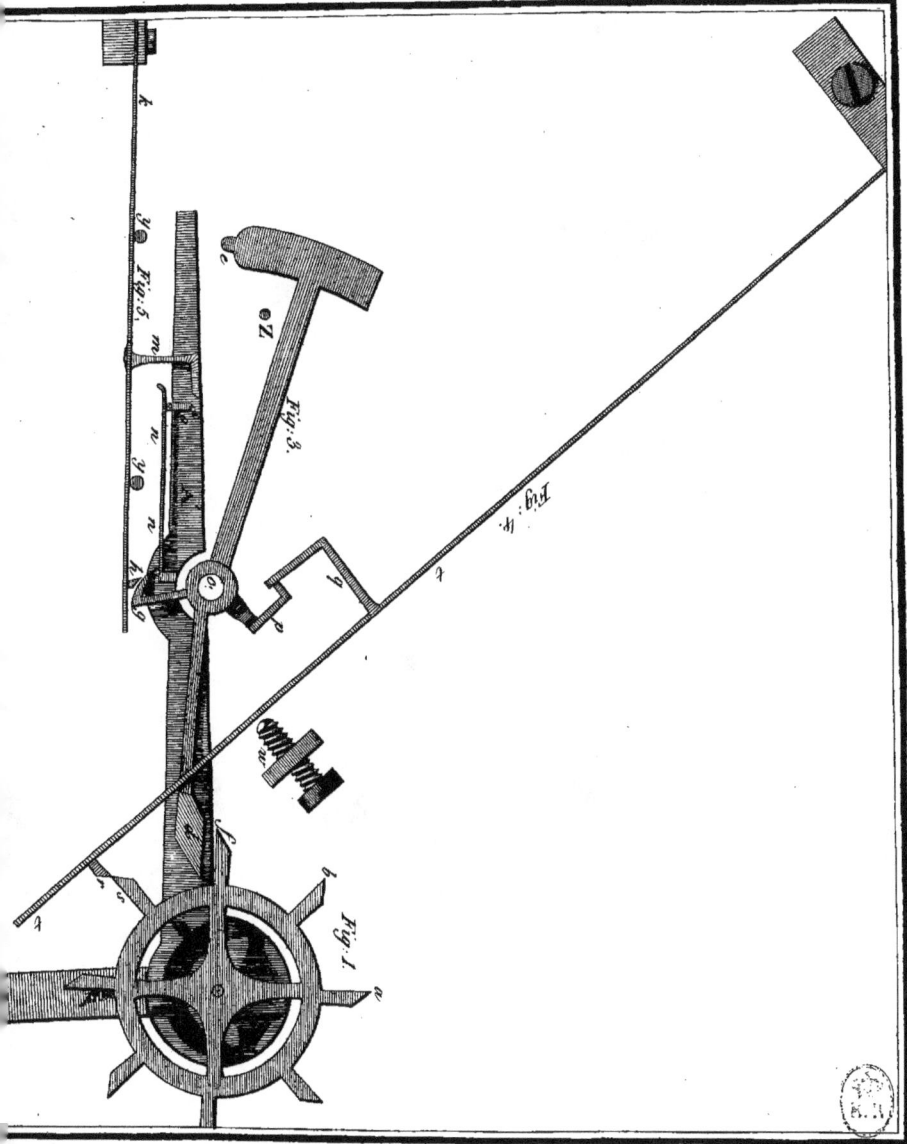

Tab: XV.

Fig: 5.

Fig: 3.

Z

Fig: 4.

Fig: 1.

G. N. Angelo fc.

Tab.XVI.

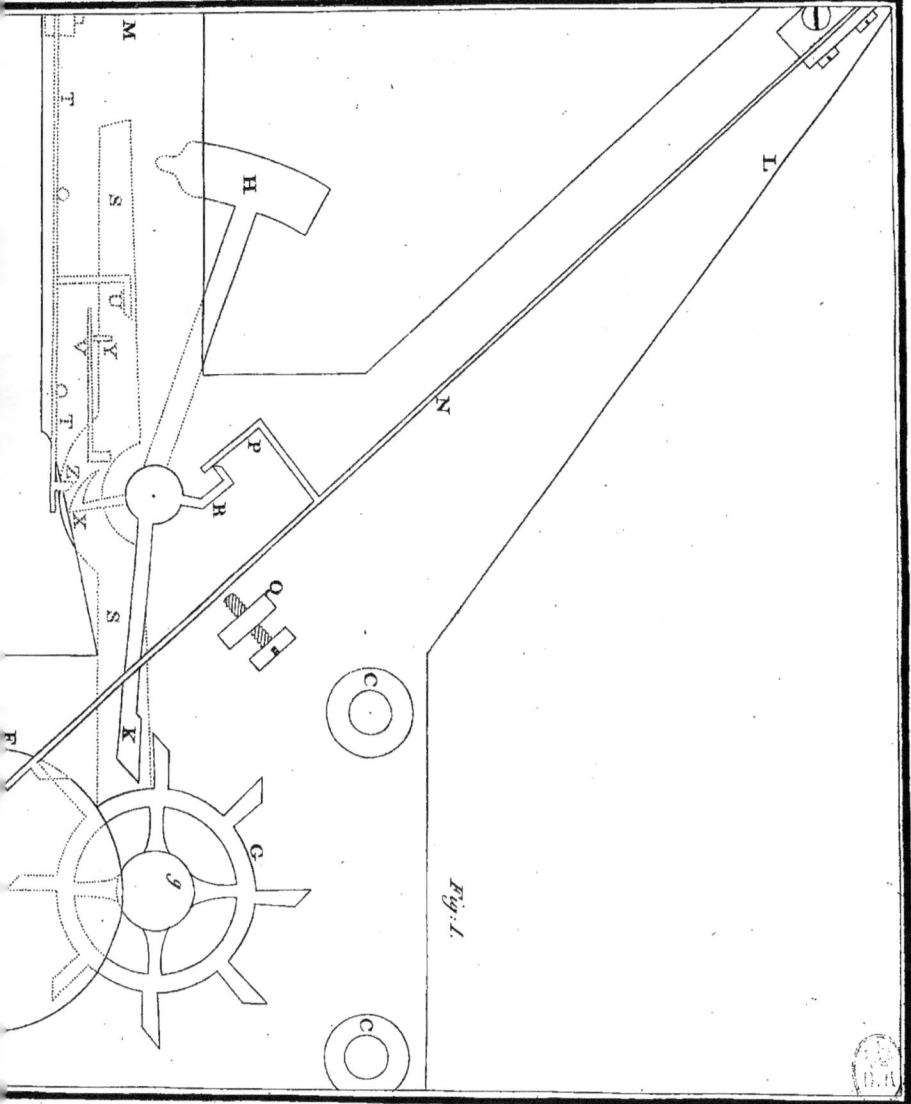

Fig. 1.

C. N. Angelo fo.

Tab. XVI.

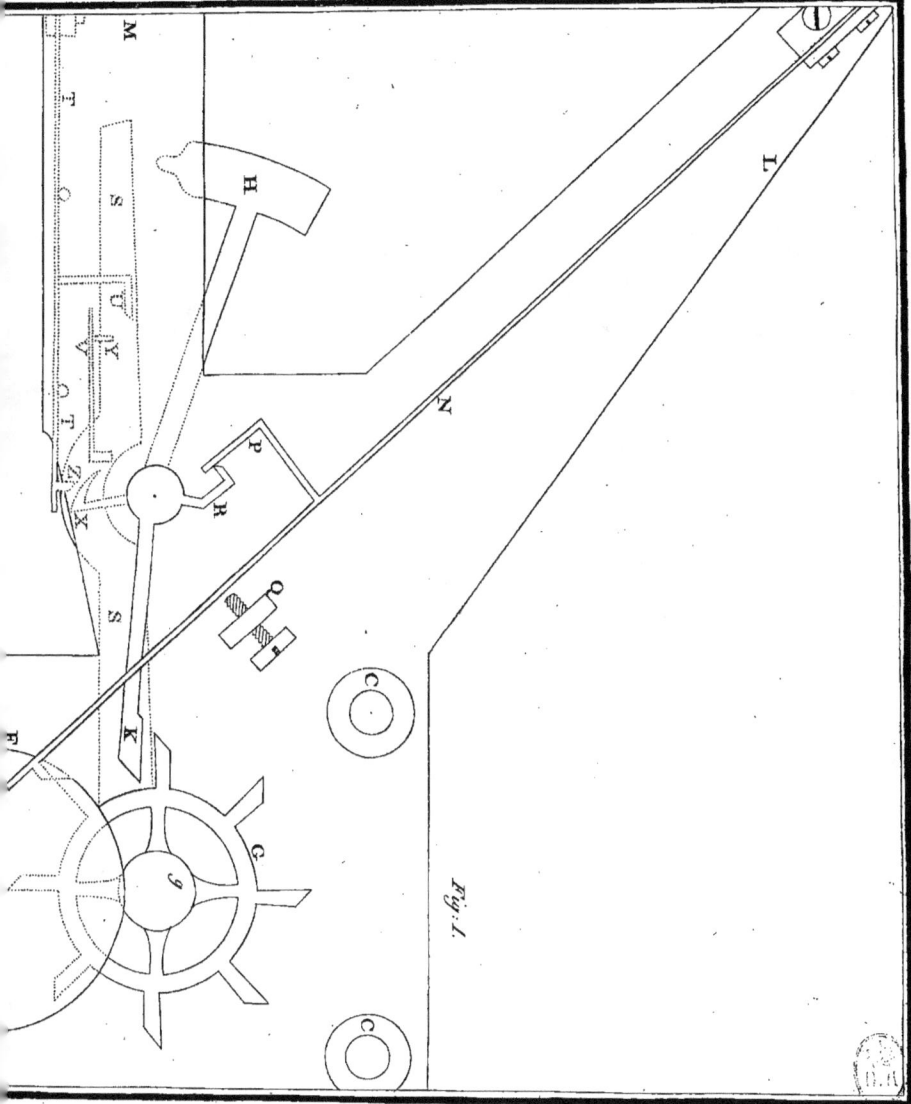

Fig. I.

Tab. XVII.

Fig. 5.

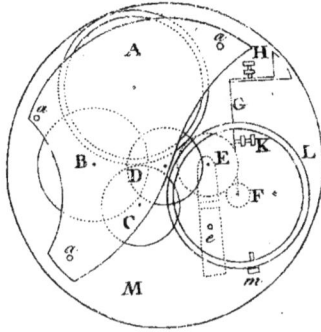

Fig. 6.

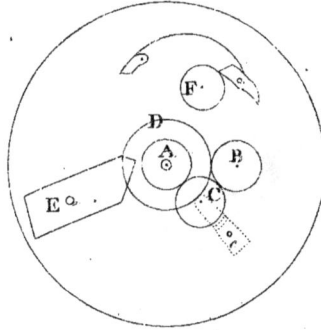

G. N. Angelo fe.

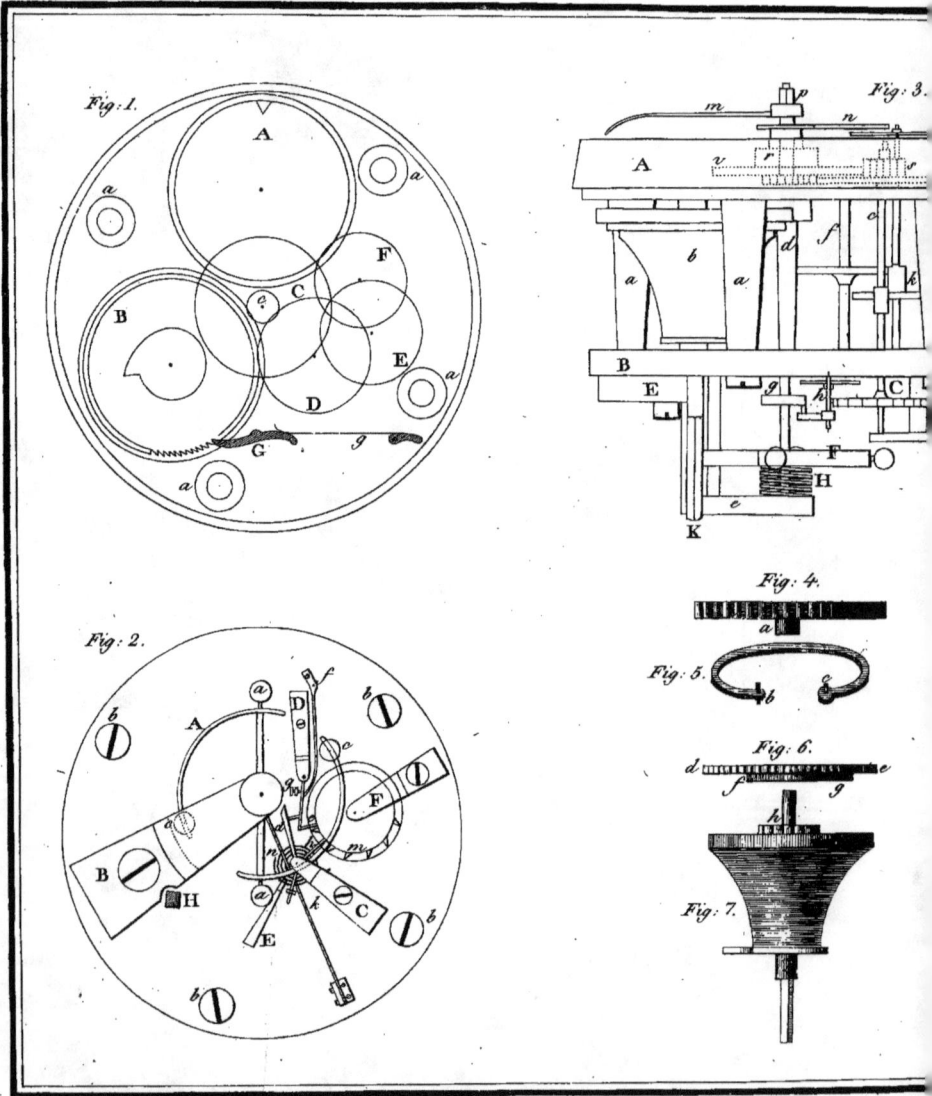

Fig: 1.

Fig: 2.

Fig: 3.

Fig: 4.

Fig: 5.

Fig: 6.

Fig: 7.

U. Jürgensen del.

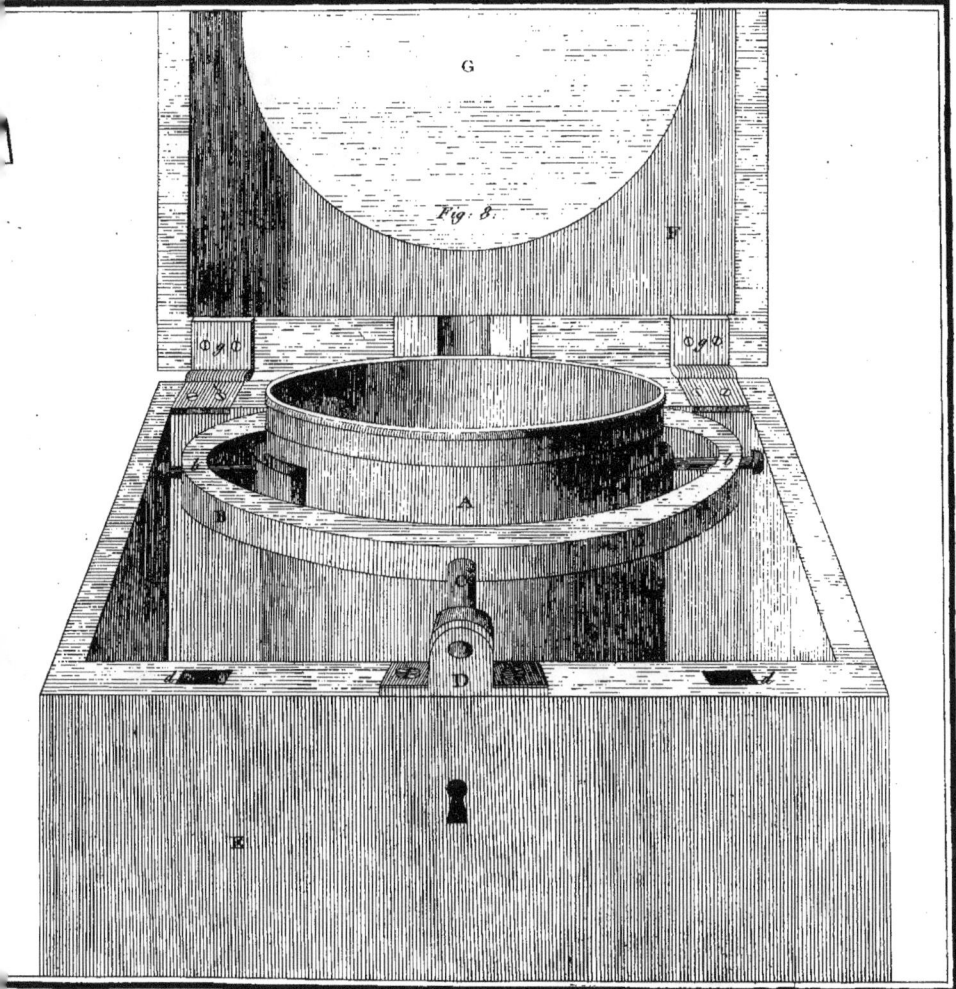

Fig. 8.

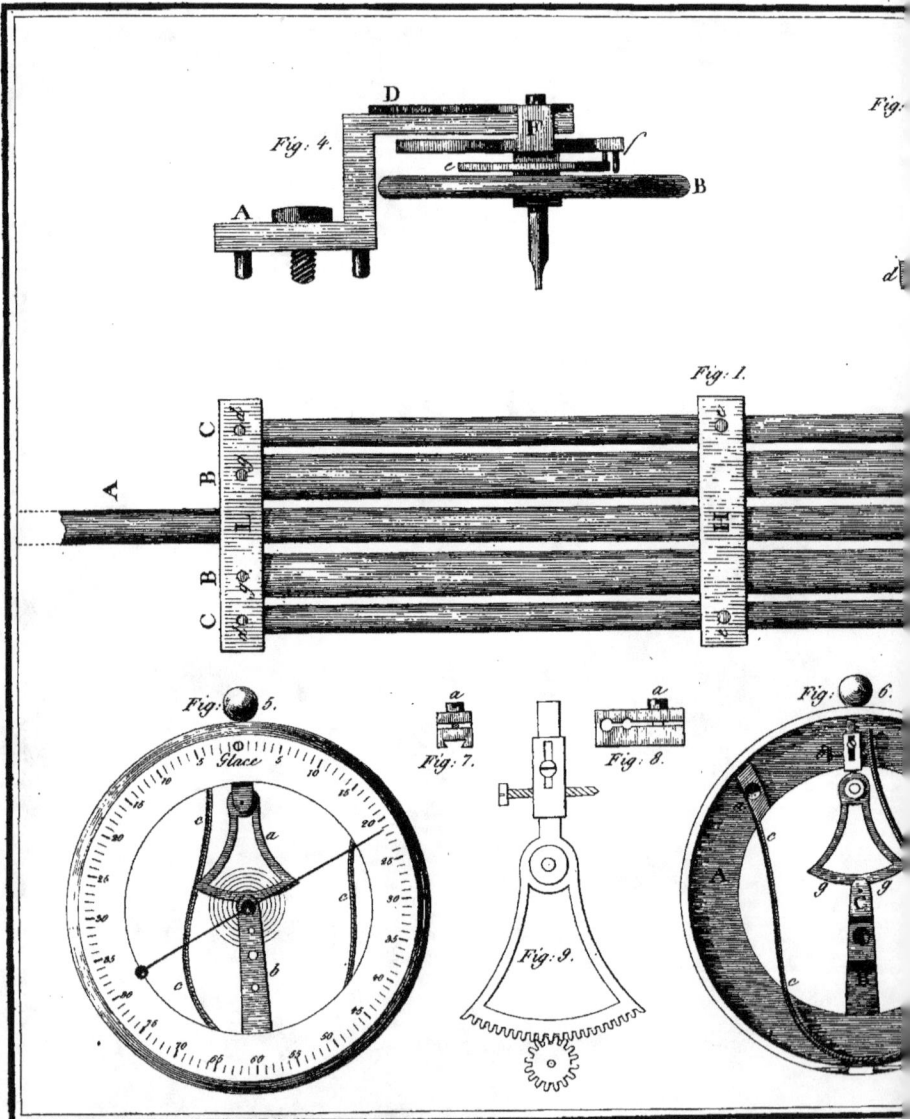

Fig: 4.

Fig: 1.

Fig: 5.

Fig: 7.

Fig: 8.

Fig: 9.

Fig: 6.

Glace

U. Iürgensen del.

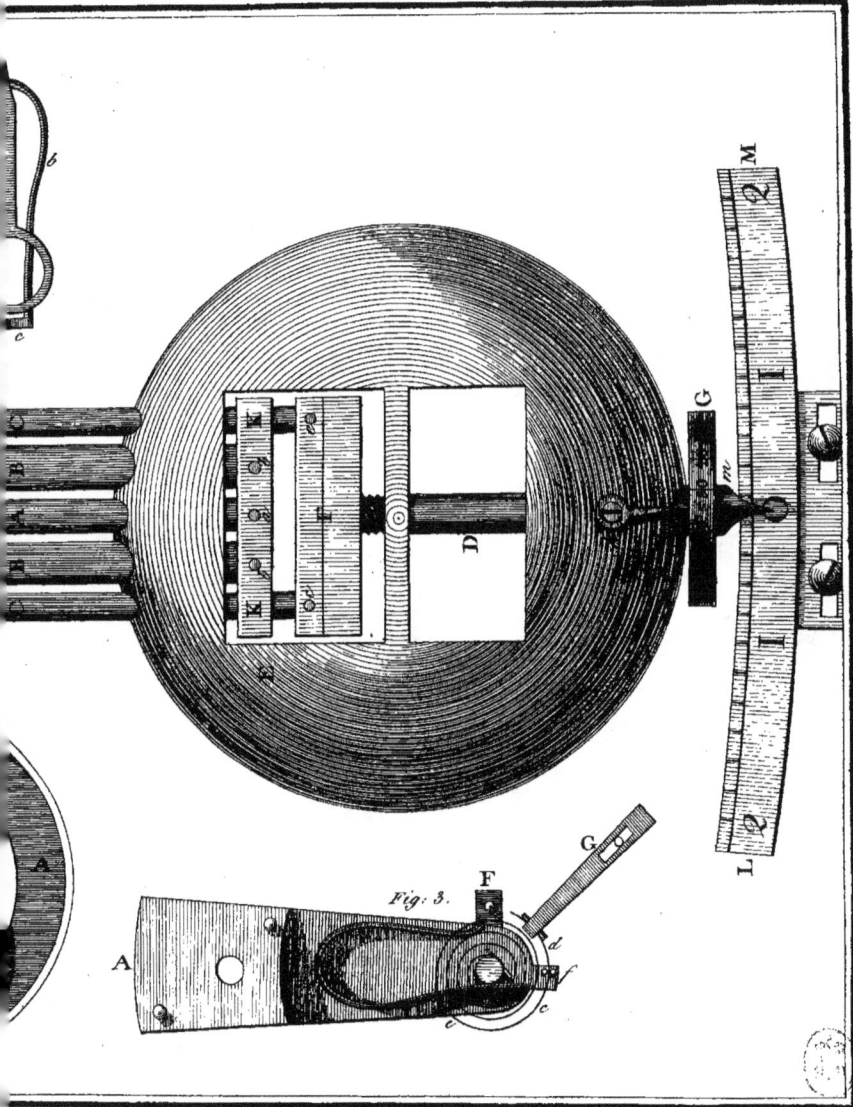

Fig: 3.

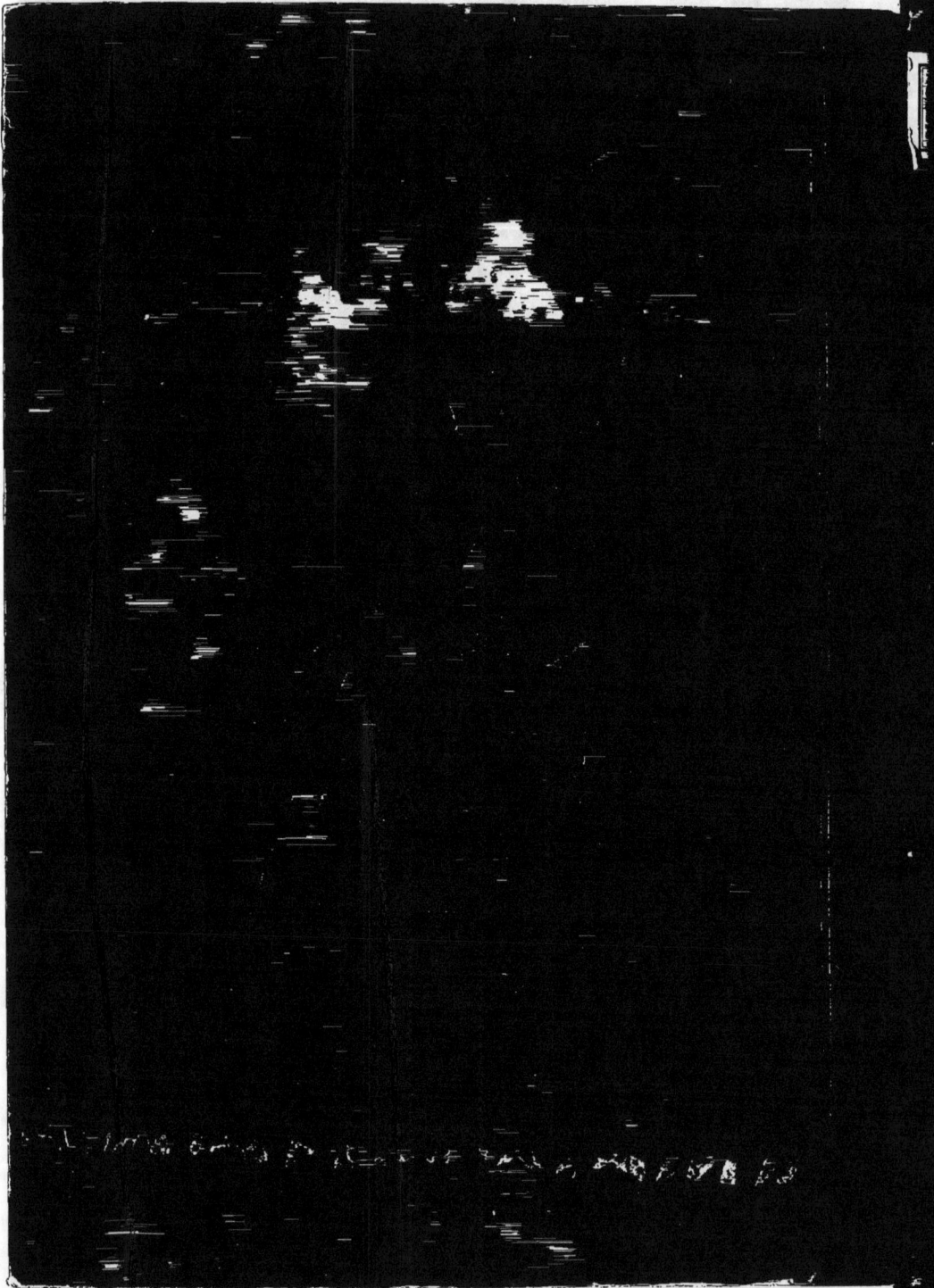

www.ingramcontent.com/pod-product-compliance
Lightning Source LLC
Chambersburg PA
CBHW061121220326
41599CB00024B/4121